就业技能培训新模式教材

西式面点制作

本书编写组　编写

张振霞　审稿

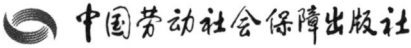
中国劳动社会保障出版社

图书在版编目（CIP）数据

西式面点制作 / 本书编写组编写. -- 北京：中国劳动社会保障出版社，2024
就业技能培训新模式教材
ISBN 978-7-5167-6263-9

Ⅰ. ①西… Ⅱ. ①本… Ⅲ. ①西点-制作-职业培训-教材 Ⅳ. ①TS213.23

中国国家版本馆 CIP 数据核字（2024）第 015800 号

中国劳动社会保障出版社出版发行

（北京市惠新东街 1 号　邮政编码：100029）

*

保定市中画美凯印刷有限公司印刷装订　　新华书店经销
880 毫米 ×1230 毫米　32 开本　6.125 印张　146 千字
2024 年 7 月第 1 版　　2024 年 7 月第 1 次印刷
定价：18.00 元

营销中心电话：400-606-6496
出版社网址：http://www.class.com.cn

版权专有　　侵权必究

如有印装差错，请与本社联系调换：（010）81211666
我社将与版权执法机关配合，大力打击盗印、销售和使用盗版图书活动，敬请广大读者协助举报，经查实将给予举报者奖励。
举报电话：（010）64954652

为深入实施人才强国战略、就业优先战略,健全完善终身职业技能培训体系,探索"互联网+职业技能培训"新形态,不断加强职业培训教材与数字资源供给,有效提高培训质量,满足开展就业技能培训需要,特别是开展线上线下混合模式职业技能培训的需要,中国劳动社会保障出版社组织编写了就业技能培训新模式教材。在教材的组织编写过程中,以就业技能需求为依据,贯彻"以就业为导向,以技能为核心"的理念,并力求使教材具有以下特点:

精。教材内容以就业必备技能为主线,按照说明书的方式编写,精选就业岗位操作必备的知识和技能,满足就业技能培训的需要,让学员在短期内掌握岗位所需技能,顺利上岗。

融。教材以纸数融合为特色,将数字化资源与教学内容有机融合,学员不仅可以按照教材内容一步步掌握知识和技能,还可以通过扫描二维码反复观看操作技能视频、图片、案例等数字资源,便于直观学习理解和对照操作,逐步提高技能水平。

易。对教材内容的呈现形式进行了精心设计,采用图表、色彩等多元化的呈现形式,同时还设置了"注意事项""小贴士"等多个小栏目,以使内容更加丰富且易于理解。

就业技能培训新模式教材的编写是一项探索性工作，由于时间紧迫，不足之处在所难免，欢迎各使用单位及个人对教材提出宝贵意见和建议，以便教材修订时补充更正。

Contents 目录

模块一 职业素养 1
   学习单元一　职业道德与岗位职责 2
   学习单元二　西式面点基础知识 4

模块二 原料知识 9
   学习单元一　主要原料知识 10
   学习单元二　辅助原料知识 28

模块三 常用设备与工具 39
   学习单元一　常用设备 40
   学习单元二　常用工具 46

模块四 食品安全与安全生产 55
   学习单元一　食品安全知识 56
   学习单元二　安全生产知识 61

模块五　混酥类点心制作 65
学习单元一　混酥类点心制作工艺 66
学习单元二　混酥类点心制作实例 75

模块六　面包制作 87
学习单元一　面包制作工艺 88
学习单元二　面包制作实例 101

模块七　蛋糕制作 115
学习单元一　蛋糕制作工艺 116
学习单元二　蛋糕制作实例 131

模块八　清酥类点心制作 145
学习单元一　清酥类点心制作工艺 146
学习单元二　清酥类点心制作实例 154

模块九　泡芙制作 159
学习单元一　泡芙制作工艺 160
学习单元二　泡芙制作实例 168

模块十　甜品制作 173
学习单元一　甜品制作工艺 174
学习单元二　甜品制作实例 183

模块 一
职业素养

学习单元一　职业道德与岗位职责

一、西式面点制作从业人员的职业道德

1. 西式面点制作从业人员职业道德的含义

西式面点制作从业人员职业道德是指在西式面点制作过程中，相关从业人员所必须遵守的职业道德规范和职业守则。

2. 西式面点制作从业人员职业道德的特点

（1）食品安全与卫生的责任性

西式面点制作从业人员必须始终以遵守食品安全与卫生相关法律法规和标准为首要责任，确保所使用的食材新鲜、符合质量标准，并采取必要的卫生措施来防止食品污染和疾病的传播。

（2）工作标准的原则性

西式面点制作从业人员职业道德的内容与职业活动紧密相连，要求西式面点制作从业人员在使用电力或燃气、设施设备、各类工具加工原料和制作西式面点时，必须坚持安全、合法、高效的原则，严格按照国家标准执业，遵守食品安全相关法律法规及卫生安全管理制度。

(3)职业规范的约束性

西式面点制作从业人员的职业规范明确了"什么是食品卫生操作安全,如何在生产过程中保证产品品质"的标准,为社会所普遍认可,并易于被西式面点制作从业人员接受。在职业活动中,西式面点制作从业人员应自觉规范自己的言行和操作。

二、西式面点制作从业人员的岗位职责

西式面点制作从业人员需要具备西式面点制作的技能和知识,此外,还需要掌握环境卫生与食品安全管理的知识,具体见表1-1。

表1-1 西式面点制作从业人员的岗位职责

职责	具体内容
西式面点制作	食材选择。按照相关食品安全标准挑选并使用食材
	产品制作。负责制作各种面点产品,如面包、蛋糕、饼干、甜点等
	产品装饰。装饰蛋糕或其他面点,以确保它们的外观吸引客人
环境卫生与食品安全管理	负责操作间的环境卫生和安全,定期维护保养设备和工具
	遵守相关法律法规和食品安全标准,确保面点产品的安全和质量

学习单元二　西式面点基础知识

一、西式面点的概念

西式面点行业在西方通常称为烘焙行业。

以面粉、油脂、糖、蛋品、乳品为主料，辅以水果、果仁等配料，经过调制、成型、成熟、装饰等工艺流程，形成具有一定色、香、味，并能体现西方制作工艺特点的面点称为西式面点，简称西点（Western pastry）。

二、西式面点的发展

1. 西式面点在欧美的发展

西式面点是西方饮食文化的重要组成部分，在世界上享有很高的声誉。西式面点在欧美的起源可以追溯到中世纪时期的欧洲，随着时间的推移，西式面点经历了多个发展阶段，不同国家和地区的文化、传统和口味相互交融，使得西式面点形成了独特的发展风格。

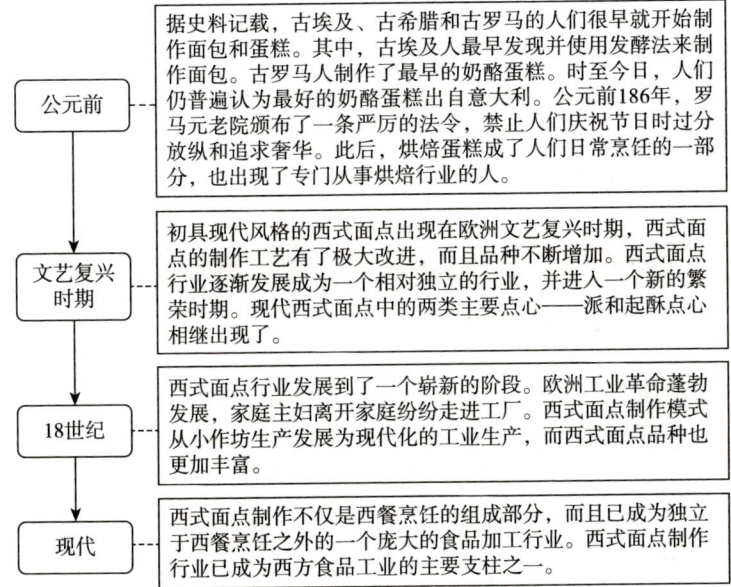

2. 西式面点在中国的发展

西式面点在中国受到中外双重文化的影响，逐渐形成了独特的发展轨迹。

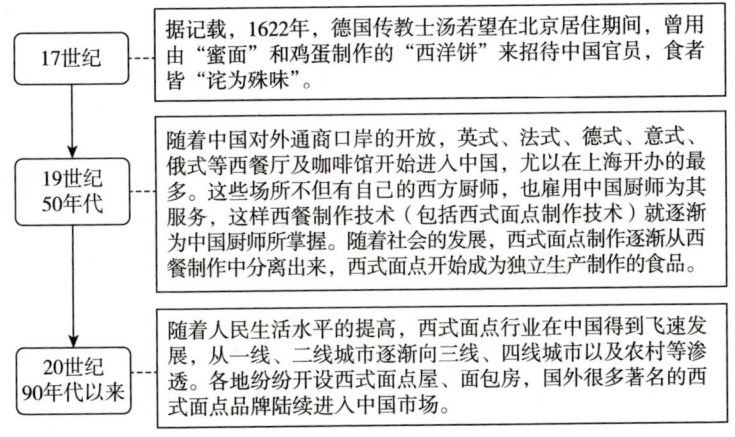

三、西式面点的分类

在西式面点中，普遍采用的是按制品加工工艺及坯料性质分类（见表1–2）。

表1–2 西式面点的分类

分类	说明
混酥类制品	◎ 混酥类制品是指用黄油、面粉、糖、鸡蛋等主要原料（有的需添加适量膨松剂），经擀制、成型、成熟、装饰等工序而成的一类酥松而无层次的西式面点 ◎ 根据原料配比的不同，混酥类面团的制作方法有油糖搅拌法、油粉搅拌法等
面包	◎ 面包是指以面粉、酵母、食盐和水为基本原料，添加适量糖、油脂、乳品、鸡蛋等，经搅拌、发酵、成型、醒发、烘烤而制成的组织松软、富有弹性的西式面点 ◎ 按内外质地可分为软质面包、硬质面包、脆皮面包、松质面包等 ◎ 按用料特点可分为白面包、全麦面包、黑麦面包、杂粮面包、水果面包、奶油面包等 ◎ 按地域可分为法式面包、意式面包、德式面包、俄式面包、英式面包、美式面包等
蛋糕	◎ 蛋糕是指以鸡蛋、糖、油脂、面粉等为主要原料，配以水果、巧克力、果仁等辅料，经一系列加工而制成的西式面点 ◎ 按面糊性质可分为乳沫类蛋糕、面糊类蛋糕、戚风蛋糕等 ◎ 按用料特点可分为鸡蛋蛋糕、油脂蛋糕、乳酪蛋糕、慕斯蛋糕等 ◎ 按形态可分为杯子蛋糕、片状蛋糕、夹馅蛋糕、卷筒蛋糕、艺术装饰蛋糕等

续表

分类	说明
清酥类制品	◎ 清酥类制品是指以面粉为主料，调制成冷水面团后，与油面团互为表里，经反复擀压、折叠、烘烤而制成的酥性西式面点 ◎ 清酥类制品的酥皮具有酥、松、脆的特点，可以在酥皮内添加各种馅料，制成不同口味的清酥类点心
泡芙	◎ 泡芙是指以面粉、油脂、鸡蛋及水或牛乳为主料，经加热调制、裱挤、烘烤或油炸而制成的西式面点 ◎ 泡芙具有外壳薄脆呈龟裂状、内软的特点
甜品	◎ 甜品是指以糖、乳品、鸡蛋等为主料，配以水果、增稠剂等辅料调制，经过热加工或冷加工而制成的甜味西式面点 ◎ 根据原料不同，甜品一般分为果冻类、乳冻类、慕斯类、苏夫利类等
巧克力制品	◎ 巧克力制品是指将巧克力与其他食品按一定比例加工制成的固态食品 ◎ 巧克力制品可分为混合型巧克力制品、涂层型巧克力制品、糖衣型巧克力制品等
艺术造型装饰类制品	◎ 艺术造型装饰类制品是指用可食用的材料，经过构思、设计，运用各种技术手段进行艺术性造型、装饰的西式面点 ◎ 艺术造型装饰类制品可分为巧克力装饰制品、杏仁膏装饰制品、风登糖装饰制品、白帽糖装饰制品等

模块 二
原料知识

学习单元一　主要原料知识

一、面粉

1. 面粉的营养成分

面粉又称小麦粉，主要营养成分有碳水化合物、蛋白质、脂肪、矿物质、维生素等。

碳水化合物

碳水化合物是面粉中含量最高的营养成分，占面粉总重量的73%~75%，主要包括淀粉、游离糖等。

蛋白质

蛋白质是人体所需的重要营养成分，且与面粉的烘焙性能有着极为密切的关系。面粉中的蛋白质含量随小麦品种、产地和面粉等级而异，一般来说，小麦的蛋白质含量越高，由其磨出的面粉质量越好。

其他营养成分

面粉中还含有脂肪、矿物质、维生素等其他营养成分。

2. 面粉的种类

在西式面点制作中，面粉通常按蛋白质含量的不同，分为低筋面粉、中筋面粉和高筋面粉三种，具体见表2-1。

表 2-1 面粉的种类

名称	说明
低筋面粉	又称弱筋面粉或糕点粉，其蛋白质含量为 7% ~ 9%
中筋面粉	介于高筋面粉与低筋面粉之间的一类面粉，其蛋白质含量为 9% ~ 11%
高筋面粉	又称强筋面粉或面包粉，其蛋白质含量为 12% ~ 15%

3. 面粉的烘焙性能

（1）面筋与面筋性能

面粉加水，经搅拌后形成具有黏性和弹性的面团，将面团放入水中搓洗，最后剩下的具有黏性、弹性和延伸性的软胶状物质就是粗面筋（又称湿面筋）。将湿面筋的水分烘干后就得到干面筋。

※ 面筋给面团提供了弹性和韧性，使其能够在发酵和烘烤过程中保持形状并膨胀。
※ 影响面筋形成的因素有面团温度、面团静置时间、面粉质量等。一般情况下，面团温度为 30 ~ 40 ℃时，面筋的生成率最大。
※ 面粉筋力的好坏、强弱不仅与面筋的含量有关，也与面筋的质量和性能有关。常用的评价面筋质量和性能的指标有延伸性、可塑性、弹性、韧性。

不同烘烤食品对面筋性能的要求是不同的。例如，制作面包通常需要使用高筋面粉，因为高筋面粉含有更多的蛋白质，具有良好的弹性和延伸性。这种面粉可以形成坚韧的面筋，有助于面包在发酵和烤制过程中膨松而有弹性。制作蛋糕一般使用低筋面粉，因为它的面筋含量较低，具有较好的可塑性和柔软度。这种面粉有助于制作松软和嫩滑的蛋糕。

（2）面粉吸水率

吸水率是检验面粉烘焙性能的重要指标。最适吸水率取决于所制作的面团的种类和生产工艺条件。最适吸水率的面团具有理想烘烤制品所需要的加工性能及烘焙性能，这种面团成熟后产品特征（外观、食用品质）较好。

（3）面粉糖化力与产气能力

> **面粉糖化力**
>
> 面粉糖化力是指面粉中淀粉转化成糖的能力。面粉糖化力对面团的发酵程度和产气量影响很大。酵母发酵需要面粉糖化作用产生的糖，且发酵完毕剩余的糖与制品色、香、味的形成有很大关系。

> **面粉产气能力**
>
> 面粉产气能力是指发酵过程中面粉产生二氧化碳的能力，与面粉糖化力成正比。在使用同种酵母和相同的发酵条件下，面粉产气能力越强，制作出的面包体积越大、质量越好。

4. 面粉在西式面点制作中的作用

（1）赋予面团弹性和延展性

面粉中的蛋白质在与水混合后形成面筋。高筋面粉产生的面筋较为坚韧，有助于面团膨胀和保持形状；低筋面粉形成的面筋较为松软，适合制作柔软和嫩滑的糕点。

（2）为发酵提供能量

面粉中的酵母活性和淀粉含量会促进面团的发酵性能，淀粉在发酵过程中被酵母转化为二氧化碳，使面团膨胀和松软。

（3）形成产品组织结构

面粉中的淀粉在加水搅拌过程中形成的黏性物质，有助于将面点中的各种成分黏合在一起，确保面点的形状和结构得以保持，同时固定其他添加物和馅料。

5. 面粉的品质检验

面粉品质检验的项目、标准与方法见表2-2。

表2-2 面粉的品质检验

检验项目	检验标准	检验方法
外观	◎ 颜色较淡，质地细腻、均匀，没有霉点或有害物质的痕迹 ◎ 无结块现象	目视与揉捏相结合
含水量	不大于14.5%	可用仪器或感官方法鉴定
气味	无异常气味，如腐败味、霉味、酸味、苦味、臭味等	感官检验

6. 面粉的储藏要求

| 温度要求 | 面粉的存放温度以 18~24 ℃为宜,温度过高可能导致面粉变质或吸湿。 |

| 湿度要求 | 面粉储藏的最佳相对湿度范围为55%~65%。面粉具有吸湿性,含水量会随储藏环境中相对湿度的变化而变化,相对湿度过高会导致面粉吸湿、结块和变质。 |

| 环境要求 | 将面粉与气味强烈的物品分开存放。 |

二、油脂

1. 油脂的种类

西式面点制作中常用的油脂有黄油、植物油、人造黄油、起酥油等,具体见表 2-3。

表 2-3　油脂的种类

种类	说明	特点
黄油	◎ 以牛乳和(或)稀奶油为原料加工制成 ◎ 含有丰富的蛋白质和卵磷脂 ◎ 脂肪含量不少于80%,水分含量约为16%,熔点为 28 ~ 33 ℃,凝固点为 15 ~ 25 ℃	具有奶脂香味,亲水性强、乳化性好、营养价值高
植物油	从植物中榨取,如橄榄油、葵花油、玉米油、大豆油	常温下一般为液态

续表

种类	说明	特点
人造黄油	◎ 以氢化油为主要原料，添加适量的乳品、香料、乳化剂、防腐剂、抗氧化剂、食盐和维生素，经混合、乳化等工序制成 ◎ 乳化性、熔点、软硬度等可根据各种成分比例调控，熔点一般为35～38 ℃	一般为淡黄色或白色，具有黄油香味，延伸性好
起酥油	◎ 由精炼的动植物油脂、氢化油或这些油脂的混合物制成的油脂产品 ◎ 一般不宜直接食用，而是作为食品加工的原料	呈固态或流动性，具有较好的可塑性、酪化性、乳化性、吸水性等加工性能

2. 油脂在西式面点制作中的作用

（1）起酥作用

烘烤制品时，油脂会使制品产生层次、质地酥松。加入油脂后的制品松软可口、咀嚼方便、入口易化，但易碎。

（2）持气作用

在适宜的条件下，搅打油脂时能掺入大量空气，空气形成细微的气泡均匀分散在油脂中，这些气泡使烘烤后的蛋糕松软、细腻。这就是油脂的持气作用。

（3）润滑作用

搅拌面团时，油脂能在面筋与淀粉粒表面形成一层薄膜。油脂薄膜与面筋紧密结合可使面筋变软，并降低面团的失水量，使面团组织均匀、细腻、光滑。

（4）提味作用

油脂加入面团、面糊中，经过烘烤，在高温缺氧条件下，少量油脂发生分解反应、酯化反应，产生特殊的芳香气味。

（5）稳定作用

搅打油脂时，掺入的空气有稳定面糊的作用，可防止面糊烘烤时塌陷。同时，油脂可延缓淀粉老化，减缓产品变干、变硬、变质的速度，从而延长烘烤食品的保质期。

（6）营养作用

每克脂肪会产生 37.68 kJ 的热量，是等量蛋白质或碳水化合物所产热量的两倍以上。油脂还含有人体必需的脂肪酸物质，可以提高西式面点的营养价值。

（7）传热作用

油脂有较高的热容量和发烟点、闪点、燃点，可作为油炸制品的传热介质，具有使制品迅速成熟、上色的作用。

> **小贴士**
>
> ※ 油脂起酥作用的原理是在面团调制过程中，油脂在面团中充分分散，进而包裹在蛋白质和淀粉粒表面，形成油脂薄膜，同时油脂具有的疏水性限制了蛋白质的吸水，阻碍了面筋的形成。

3. 油脂的品质检验

油脂的品质检验项目及标准见表 2-4。

表 2-4 油脂的品质检验

检验项目	检验标准
色泽	◎ 植物油色泽微黄，清澈明亮 ◎ 黄油色泽淡黄，组织细腻光亮
滋味	◎ 植物油应有植物本身的香味，无异味和哈喇味 ◎ 黄油应有新鲜的香味，爽口润喉
气味	◎ 植物油应有植物清香味，加热时无油烟味 ◎ 黄油具有奶脂香味，无异味
透明度	◎ 植物油无杂质，透明度高 ◎ 黄油熔化后清澈见底

4. 油脂的储藏要求

油脂易于氧化和变质，因此在储存时需要特别注意以下要求。

- **控温**：油脂应储存在室温下（15~25 ℃），高温可能导致油脂氧化和变质，低温可能使某些油脂转为固态。

- **避光**：光照会加速油脂的氧化过程，因此最好将油脂储存在避光的容器或包装中。

- **密封**：油脂应储存在密封良好的容器中，暴露在空气中可能导致油脂氧化和变质。

- **避味**：油脂具有吸附其他物品气味的能力，应与具有强烈气味的物品分开储存。

- **防潮**：油脂应储存在干燥的环境中。水分可能导致油脂质量下降，甚至引发细菌和霉菌的生长。

三、糖

1. 糖的种类（见表 2-5）

表 2-5 糖的种类

种类	说明	特点
白砂糖	用甘蔗或甜菜等植物加工而成，按其颗粒大小分为粗砂糖、中砂糖、细砂糖	呈均匀结晶状颗粒，颜色纯白，甜味醇正
绵白糖	由细砂糖加适量的转化糖浆加工制成	质地细软，色泽洁白，具有光泽
葡萄糖浆	将玉米淀粉或薯类淀粉加酸或加酶水解，经脱色、浓缩后制成的黏稠液体，主要成分为葡萄糖、麦芽糖、糊精等	甜味柔和，容易吸收，呈无色或微黄色
糖粉	白砂糖的再制品	呈纯白色粉末状，口感非常细腻、柔滑
饴糖	以谷物为原料，利用淀粉酶或大麦芽酶的水解作用制成，主要成分是麦芽糖、糊精、维生素等	浅棕色的半透明黏稠液体，持水性强

2. 糖在西式面点制作中的作用

（1）影响面粉吸水率

糖具有渗透性，面团中加入糖，可以吸收面团中的游离水，使面筋蛋白质中的水分减少，面筋形成度降低，面团弹性减弱。每增加1%的糖量，面粉吸水率就降低0.6%左右。

（2）调节面团发酵速度

糖可作为发酵面团中酵母菌的营养物，促进酵母菌的生长繁殖，产生大量的二氧化碳气体，使制品膨大疏松。加糖量对面团发酵速度有影响，在一定范围内，加糖量多，发酵速度快，反之则慢。

（3）改善面团物理性质

糖在面团搅拌过程中，可以调节面筋的胀润度，增强面团的可塑性，使制品外形美观、花纹清晰，还能防止制品收缩变形。

（4）改善面点味道

糖具有甜味，不仅可以增加面点的甜度，还可以平衡面团中的其他味道，使其更加美味可口，增加食欲和满足感。

（5）改善面点色泽

在烘焙过程中，糖能够与蛋白质反应，使面点的表皮形成金黄色或棕黄色的外观。

（6）延长面点保质期

糖具有保湿和抗菌的特性，可以减少微生物的生长，延长面点的保质期，降低面点变质的风险。

（7）提高营养价值

糖的营养价值主要体现在它的发热量。1 g糖被人体吸收能产生16.74 kJ的热量。糖极易被人体吸收，可有效缓解疲劳，补充人体代谢需要的营养物质。

3. 糖的品质检验（见表2-6）

表2-6　糖的品质检验

检验项目	检验标准	检验方法
外观	均匀细腻，无明显的杂质和色斑	观察法
味道	具有纯甜味，没有酸、苦或其他异味	品尝法
溶解性	快速而完全地溶解，不应有残留物	加水溶解法

4. 糖的储藏要求

为了保持糖的品质，避免结块或变质，储存糖时需要特别注意以下要求。

环境干燥	糖应储存在干燥的环境中。水分可能导致糖结块或变硬，并增加细菌或霉菌生长的风险。
容器密封	糖应存放在密封良好的容器中，这有助于保持糖的干燥度和新鲜度。
避光	糖应避免暴露在阳光直射下，因为阳光会加速糖的变质，使糖失去色泽。因此，应将糖存放在不透明的容器或避光的柜子中。
温度稳定	糖的储藏温度应保持相对稳定。较高的温度可能导致糖变硬、结块或变质，而较低的温度可能使糖吸湿溶化。
远离异味	糖易吸附周围的气味，因此其存放应远离具有强烈气味的物品，如洗洁精、香料等。

四、蛋品

1. 蛋品的种类

蛋品的营养价值高，用途广泛，是西式面点制作的重要原料。常见的蛋品有鲜鸡蛋、冰蛋、蛋粉等。

鲜鸡蛋是西式面点使用的主要蛋品，常用于各类西式面点的制作。

冰蛋又称冻蛋，多用于大型西式面点生产企业。冰蛋多在 $-20\ ℃$ 以下速冻制取。将盛装冰蛋的容器放在冷水中解冻后即可使用。由于速冻温度低、冻结快，蛋液中的胶体特性不易被破坏，保留了鲜鸡蛋的工艺特性。

蛋粉分为全蛋粉和蛋清粉。蛋粉比鲜鸡蛋储存期长，多用于大型生产或特殊制品。

> **小贴士**
> ※ 解冻后的蛋液重冻或冰蛋的储存时间过长都会影响西式面点制品的质量。
> ※ 蛋粉的起泡性不如鲜鸡蛋，不宜用来制作海绵蛋糕。

2. 蛋品的烘焙性能

（1）起泡性

起泡性是指蛋白能把机械搅打过程中混入的空气包围起来形成泡沫，使蛋液体积增大的性质。在一定条件下，机械搅打越充分，蛋液中混入的空气越多，蛋液的体积越大。

起泡性受较多因素影响，包括打蛋速度、打蛋温度、pH、油脂、新鲜度、黏稠物质等。

◎ 打蛋速度。打蛋速度过慢会延长打蛋时间，而且会使已形成的泡沫因过度搅打而破裂。
◎ 打蛋温度。打蛋温度一般以 30 ℃为宜。温度越低，起泡越慢。
◎ pH。蛋白在 pH 偏小时起泡快且稳定，因此可在打蛋时加入酸性物质调节 pH。
◎ 油脂。油脂是一种消泡剂，打蛋时不能使油脂混入泡沫中。全蛋的起泡性不如蛋白的起泡性，因为蛋黄中含有大量脂肪，不利于起泡。
◎ 新鲜度。在储藏过程中，鸡蛋的黏稠蛋白质含量降低、水分减少，这些都会直接影响蛋白的起泡。因此，鸡蛋越新鲜，起泡性越好。
◎ 黏稠物质。搅打时在蛋液中加入黏稠物质（如白砂糖）有助于泡沫的形成和稳定，但不建议加还原糖（如葡萄糖），因为还原糖会在加热时与蛋白质发生反应，产生有色物质。

（2）乳化性

全蛋、蛋白和蛋黄都具有乳化性，尤以蛋黄的乳化性最好，这是因为蛋黄内含有丰富的卵磷脂。卵磷脂是一种强有力的乳化剂，具有亲油性和亲水性的双重性质。乳化性有助于油脂、水和其他材料均匀地混合在一起，使制品组织细腻、质地均匀、疏松可口并保持一定的水分，在储藏时可以保持柔软状态。

（3）凝固性

凝固性是指蛋白质在受热时发生凝固的特性。温度在 54～57 ℃时，蛋白开始变性；温度达到 60 ℃时，蛋白变性速度加快；温度达到 70 ℃时，蛋黄开始变稠；温度达到 80 ℃时，蛋白完全凝固，蛋黄表面凝固；温度达到 100 ℃时，蛋黄也完全凝固。

蛋白质受热凝固，能使蛋液黏结成团，产品成熟时不会分离，保持产品的形态完整。

3. 蛋品在西式面点制作中的作用

（1）形成乳化体系

蛋黄中的卵磷脂具有乳化作用，能够将水和油脂等不相溶的成分混合在一起，形成稳定的乳化体系。

（2）改善面点组织结构

蛋白中的蛋白质在搅拌或打发的过程中形成稳定的泡沫结构，受热时，泡沫中的空气膨胀，促使面团膨胀、松软。

（3）稳定乳脂体系

蛋品在制作奶油、霜糖等面点装饰材料时起到稳定乳脂体系的作用，使装饰材料更容易使用和保持形状。

（4）改善面点色泽

点心、面包入炉前在表面涂抹蛋液，可以改善面点表皮的色泽，产生光亮的金黄色或黄褐色。

（5）改善面点口感与风味

蛋黄中含有丰富的脂肪和蛋白质，能够增添面点的口感和风味。

(6) 提高面点营养价值

蛋品中含有大量蛋白质、脂肪、矿物质和维生素，是人体不可或缺的营养物质。

4. 蛋品的品质检验

以常用的鲜鸡蛋为例，蛋品品质检验的项目、标准与方法见表 2-7。

表 2-7 蛋品的品质检验

检验项目	检验标准	检验方法
外观	◎ 蛋壳应光滑、洁净，没有明显的裂纹或污渍 ◎ 蛋黄颜色应鲜艳橙黄，而不是暗黄或淡黄。形态应完整、圆润，没有明显的凹陷或凸起 ◎ 蛋白应透明、无杂质	观察法
气味	没有明显的异味	感知法
新鲜度	将鸡蛋放入盛满水的碗中，新鲜的鸡蛋会沉到底部并保持水平	观察法

5. 蛋品的储藏要求

正确的储藏方式可以确保蛋品的安全性和品质，以常用的鲜鸡蛋为例，蛋品的储藏要求如下。

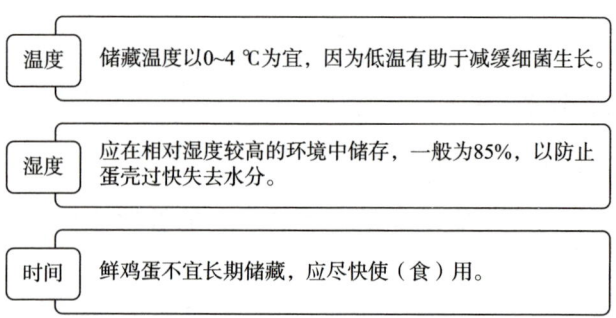

温度	储藏温度以 0~4 ℃为宜，因为低温有助于减缓细菌生长。
湿度	应在相对湿度较高的环境中储存，一般为 85%，以防止蛋壳过快失去水分。
时间	鲜鸡蛋不宜长期储藏，应尽快使（食）用。

> **注意事项**
>
> ※ 鲜鸡蛋在储藏前不要清洗，否则会破坏蛋壳上的胶质薄膜。

五、乳品

1. 乳品的种类

（1）牛乳

牛乳又称牛奶，在西式面点制作中应用广泛，牛乳是呈乳白色的不透明液体，具有特殊香味。牛乳的主要营养成分有脂肪、蛋白质、糖类、无机盐、维生素等。其中，脂肪含量最高，其次是蛋白质。

（2）酸奶

酸奶是指在牛乳中添加乳酸菌使之发酵、凝固而得到的乳品。

酸奶除保留了牛乳的营养成分外，在发酵过程中由于乳酸菌的作用，脂肪酸比原料牛乳增加了两倍。钙盐等无机盐在发酵后本身不会发生变化，但发酵后产生的乳酸可有效地提高无机盐在人体中的利用率。酸奶更易被人体消化吸收，其营养成分的利用率更高。

（3）稀奶油

牛乳在静置之后，由于脂肪球上浮而形成一层奶皮，即为稀奶油。稀奶油可直接用来制造冰激凌和西式面点馅料、装饰料等。

稀奶油的脂肪含量为 10% ~ 80%，西式面点中常用的是轻质稀奶油，脂肪含量为 18% ~ 30%。

（4）炼乳

炼乳是指鲜牛乳或鲜羊乳经过消毒、浓缩而制成的乳品，其特点是储存时间较长。炼乳是白色或淡黄色黏稠液体，基本保持了鲜乳的风味和功能，因此在西式面点制作中应用广泛，常用来制作布丁之类的甜品。

（5）奶酪

奶酪又称干酪、乳酪，或译称芝士、起司，大多数奶酪呈乳白色或金黄色。奶酪含有丰富的蛋白质、脂肪、钙、磷、维生素等营养成分，主要用于制作奶酪条、奶酪蛋糕等。

（6）乳粉

乳粉又称奶粉，一般是以牛乳为原料，经浓缩后采用喷雾干燥法或滚筒干燥法除去水分而制成的粉末。乳粉有全脂、半脂、脱脂等类型，全脂乳粉和脱脂乳粉在西式面点制作中应用较多。

2. 乳品的烘焙性能

乳品在西式面点制作中的烘焙性能主要体现为对制品的乳化性。

乳化性主要是因为乳品中的蛋白质含有乳清蛋白。乳清蛋白在食品中可作为乳化剂，能降低油脂和水之间的界面张力，形成均匀稳定的乳浊液。

西式面点配方中加入乳品后，不仅可以提高制品的营养价值，产生香醇滋味，而且由于其良好的乳化性能，能改善制品内部的组织状态，使制品膨松、柔软可口，同时还可以延缓制品的"老化"。

3. 乳品在西式面点制作中的作用

（1）增加面团吸水量

乳品可以增加面团吸水量，使面团更加湿润和柔软。

（2）保证面团正常发酵

乳品中含有大量的蛋白质，对面团发酵时 pH 的变化具有一定的缓冲作用，从而保证面团的正常发酵。

（3）赋予面点浓郁的奶香风味

烘烤时，乳品中的低分子脂肪酸挥发，带给面点浓郁的奶香味。

（4）调节面点黏性和弹性

乳品中的蛋白质和脂肪含量可以调节面团的黏性和弹性。

（5）改善面点外观

乳品中含有乳糖，在烘焙时，乳糖与氨基酸会发生褐变反应，为面点赋予吸引人的色泽。

（6）提高面点的营养价值

乳品含有丰富的蛋白质、钙、维生素等营养成分，使面点在口感美味的同时也具有一定的营养价值。

学习单元二　辅助原料知识

一、巧克力

巧克力是以可可制品（可可浆、可可粉、可可脂）、类可可脂、代可可脂、乳品、白砂糖、香料、表面活性剂等为基本原料，经过混合、精磨、精炼、调温、浇模成型等工序形成的具有独特色泽、香味、滋味和精细质感的耐保存、高能量的香甜固体食品。

（1）巧克力的种类

1）按油脂来源分类。巧克力可分为天然可可脂巧克力和代可可脂巧克力两大类。

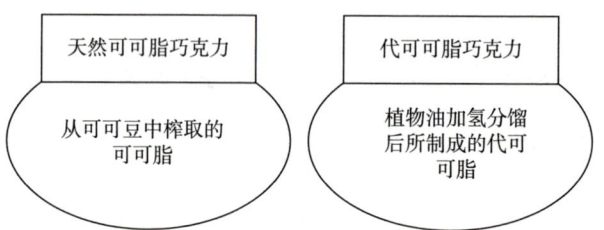

2）按所加辅料分类。巧克力按所加辅料不同有多种种类，西式面点制作中，常用的有黑巧克力、白巧克力、牛奶巧克力，具体内容见表2-8。

表 2-8　按所加辅料分类的巧克力种类

种类	特点	说明
黑巧克力	呈棕褐色或棕黑色，具有可可苦味	可可脂不低于18%、非脂可可固形物不低于14%
白巧克力	呈奶白色	可可脂不低于20%、乳固体物不低于14%（其中乳脂不低于3%）
牛奶巧克力	呈棕色或浅棕色，具有可可和乳香风味	可可固形物不低于25%（其中非脂可可固形物不低于2.5%）、乳固体物不低于12%（其中乳脂不低于2.5%）

（2）巧克力调温

巧克力调温是指在理想温度条件下，巧克力内部晶体稳定融合、形成光亮表面的过程。

> **小贴士**
>
> ※ 常用的巧克力调温方法有双煮法和微波炉法。采用双煮法时，一般需要在50 ℃左右的温水中隔水熔化巧克力。采用微波炉法时，一般需要将巧克力切成碎块后再放入微波炉进行加热。

（3）巧克力在西式面点制作中的应用

巧克力常用于制作面包、蛋糕、饼干的馅心、夹层料和表面涂层料、装饰件，赋予制品浓郁的香味、华丽的外观、细腻润滑的口感和丰富的营养。

二、杏仁膏

杏仁膏又称马司板、杏仁面，是由杏仁和白砂糖经加工制作而成，它细腻、柔软、可塑性好，是制作高级西式面点的原料。杏仁膏可用来制作杏仁饼干、杏仁蛋糕等，也可用来制作馅料。在甜品中，杏仁膏普遍用来填充巧克力。

三、白帽糖

白帽糖是以糖粉为主料，添加蛋清或明胶等辅料调制而成的膏状物。在白帽糖中加入适量的柠檬酸、苹果酸等酸性物质后，可促使其蛋白质部分变性，从而使膏体变白、变稠。酸性物质的用量以白帽糖挑起后有一定立体感、可塑性较强、流动性较弱为宜。

> **小贴士**
> ※ 白帽糖中加入一定量的食用色素后可调制成不同颜色，以适应不同西式面点造型、装饰的工艺需求。
> ※ 食用色素应在膏体基本搅拌好时加入。

四、调味酒

西式面点制作中常加入调味酒以增加制品的风味。常用的调味酒有朗姆酒、白兰地、橙酒、威士忌、雪利酒、利口酒等。

注意事项

※ 应根据制品所用原料、口味特点选择调味酒的品种和用量，不要因为加入调味酒而破坏制品的原有风味。

※ 一般在制品冷却后添加，以免调味酒遇热挥发而影响制品风味。

五、食盐

食盐是西式面点制作时常用的咸味调料，是重要的辅助原料之一。

根据加工精度，食盐分为精盐（再制盐）和粗盐（大盐）两种，其中精盐多用于西式面点制作。精盐的杂质较少，氯化钠含量在 90% 以上，外观为洁白、细小的颗粒状。食盐在西式面点中有以下作用。

（1）调味

食盐能引出原料的风味，衬托发酵后的酯香味，食盐的咸味能与糖的甜味互相补充，使制品风味更加突出。

（2）增强面筋筋力

食盐能抑制蛋白酶的活力，降低蛋白酶对面筋的分解作用，使面筋结构紧密，增加面筋弹性与强度。

（3）调节面团发酵速度

食盐的用量达到面粉用量的 1% 时，即可产生明显的渗透压，对酵母发酵产生抑制作用。可以通过增加或减少配方中食盐的用量来调节和控制面团发酵速度。

（4）抑制细菌繁殖

食盐对细菌及其他有害菌类的生长有一定抑制作用，因此能延长食品的保质期。

> **小贴士**
>
> ※ 制作面包时宜在面团的面筋扩展阶段后期，即面团不再黏附搅拌机缸壁时加入食盐，然后再搅拌 5～6 min 即可。

六、风登糖

风登糖又称翻砂糖、封糖。它是糖的再制品，呈膏状，洁白细腻，在西式面点中是不可缺少的辅助原料。它可用于装饰点心的表面或挂在点心的表层，也能在其内加入色素或可可粉挤出各种花纹图案，应用广泛。

七、果品

果品是鲜果和干果的总称。果品在西式面点制作中应用广泛，是西式面点的常用辅助原料。果品的使用方法主要是将其加入面团、馅心，或用其装饰制品表面。

八、食品添加剂

1. 食品添加剂的概念

食品添加剂是指为改善食品品质、防腐和加工工艺的需要而加入食品中的人工化学合成物质或者天然物质。

2. 食品添加剂的种类

西式面点行业常用的食品添加剂有膨松剂、食用色素、乳化剂、增稠剂、酸度调节剂、食品用香精等。

（1）膨松剂

膨松剂又称疏松剂，它能使制品内部形成均匀、致密的多孔组织，使制品体积增大、组织松软、易被人体消化和吸收，是西式面点制作时主要的食品添加剂，具体说明见表 2-9。

表 2-9　膨松剂

种类	具体类别	特点	使用注意事项
化学膨松剂	碳酸氢钠（小苏打）	白色粉末状，味微咸，无臭味，分解温度 60 ℃以上，加热至 270 ℃失去全部二氧化碳，在潮湿或热空气中能缓缓分解，产气量 261 mL/g，pH 值 8.3，水溶液呈碱性	在使用时应注意用量，否则不仅会影响成品口味，还会影响成品色泽，出现黄色斑点
	碳酸氢铵（臭碱）	白色粉状结晶，有氨臭味，对热不稳定，在空气中风化，固体在 58 ℃、水溶液在 70 ℃分解出氨和二氧化碳，产气量 700 mL/g，易溶于水，稍有吸湿性，pH 值 7.8，水溶液呈弱碱性	在使用时应注意用量，如果用量不当，容易造成成品质地过松，内部或表面出现大的孔洞
	发酵粉（泡打粉）	根据酸碱中和的原理配制，呈白色粉末状，无异味，在冷水中能够分解	一旦与液体接触，就会开始起泡，所以在混合面团后应尽快进入烘焙阶段

续表

种类	具体类别	特点	使用注意事项
生物膨松剂	鲜酵母	呈块状，乳白色或淡黄色，具有特殊的香味，含水量在75%以下，发酵力强而均匀	使用前应先用温水化开，再掺入面粉一起搅拌
	活性干酵母	由鲜酵母低温干燥制成，呈颗粒状，发酵力较强	使用前需用温水活化
	即发活性干酵母	活性远高于鲜酵母和活性干酵母，活性稳定，发酵力强，发酵速度快	使用时无须活化，但要注意添加顺序，应在所有原辅料搅拌2~3 min后再加入。特别要注意使用时不能直接接触冷水，否则会严重影响它的活性

（2）食用色素

食用色素是以食品着色为目的的食品添加剂。添加食用色素可以改善食品的色泽，增进人的食欲。食用色素的具体说明见表2-10。

表2-10 食用色素

种类	特点	举例	配制要求
人工合成色素	颜色鲜艳，不易褪色，价格较低	◎ 胭脂红 ◎ 苋菜红 ◎ 赤藓红 ◎ 日落黄 ◎ 靛蓝	◎ 色素溶液浓度为1%~10% ◎ 色素溶液浓度应按每次用量配制
天然色素	色调自然，无毒，具有营养价值，提取工艺复杂，性质不稳定，不易均匀着色，易褪色	◎ 辣椒红 ◎ 红曲红 ◎ 玉米黄 ◎ 叶黄素 ◎ 姜黄素	◎ 色素溶剂应选用蒸馏水或冷却后的沸水

（3）乳化剂

乳化剂是一种能够在油脂和水之间形成稳定乳化液的物质，在食品加工中，一般具有发泡和乳化双重功能。乳化剂可以增强面团的筋力和持气性，使面团易于成型，延长制品的保质期，提高制品品质。

（4）增稠剂

增稠剂是指可以改善和稳定食品物理性质和组织形态的添加剂。增稠剂可以对食品进行增稠、胶凝，改善食品的质地和口感，增加食品表面光泽，延长食品的保质期。增稠剂的相关说明见表 2-11。

表 2-11　增稠剂

种类	特点	使用说明
淀粉	不溶于水，大多数淀粉与水混合加热至 60～80 ℃时会糊化成胶体溶液	使用时应与其他干性成分充分混合均匀，确保其均匀分散在面团中，避免在烘焙过程中出现结块现象
明胶	本身几乎没有味道和气味，乳化性强	使用前需用冷水浸泡，泡软后方可使用
果胶	白色或淡黄色粉末，略带酸味，具有水溶性	使用时一般需要加入较多的糖，且需适当调节 pH 才能凝固
琼脂	在水中加热至 95 ℃时开始溶化，溶化后的溶液降到 40 ℃时开始凝固，优质琼脂体干、色白亮，透明度高，弹性大	不宜与含有酸性物质的食品混合，否则会影响使用效果。琼脂不溶于糖溶液，若西式面点配方中含有糖，应将糖加入热琼脂溶液中

续表

种类	特点	使用说明
卡拉胶	不溶于有机溶剂,不溶于冷水,可溶胀成胶块状,易溶于热水,可形成半透明溶液	卡拉胶的用量应根据食谱和制作目标来调整。过量使用卡拉胶可能会使面团过于粘手,影响操作

(5) 酸度调节剂

酸度调节剂是指维持或改变食品酸碱度的物质,具体说明见表2-12。

表2-12 酸度调节剂

种类	特点	作用
柠檬酸	无色晶状体,有较强的酸味,易溶于水	改善制品口感,保持制品色泽,延长制品保质期,稳定蛋液泡沫
乳酸	无色液体,味微酸,有吸湿性	改进制品品质,保持制品色泽,延长制品保质期
酒石酸	存在于多种植物中,可溶于水和乙醇	促进蛋白打发,中和蛋白碱性,使蛋白泡沫更加洁白,使制品组织更柔软、口感更好
苹果酸	白色结晶体或结晶状粉末,有较强的吸湿性,易溶于水和乙醇,酸度较强	改善制品口味,保持制品色泽,延长制品保质期

（6）食品用香精

食品用香精可以改善、增加食品香味，提高食品的质量。

常用的食品用香精按香味类型可分为乳脂香型、果香型、香草香型、巧克力香型等。其中最常用的果香型食品用香精可模拟柠檬、橘子、椰子、杏仁、香蕉等香味。

注意事项

※ 在西式面点制作中，当需要使用食品用香精时，应根据西式面点本身的风味和消费者习惯进行选择。一般应选用与制品本身香味协调的食品用香精，且加入量不宜过多，不能掩盖或损害原有的天然风味。

※ 食品用香精往往具有一定挥发性，对于必须加热的食品，应尽可能在加热后冷却时或在加工处理的后期添加，以减少挥发。

3. 食品添加剂的安全使用

（1）使用食品添加剂时应符合下列基本要求

1）不应对人体产生任何健康危害。

2）不应掩盖食品腐败变质而使用食品添加剂。

3）不应掩盖食品本身或加工过程中的质量缺陷或以掺杂、掺假、伪造为目的而使用食品添加剂。

4）不应降低食品本身的营养价值。

5）在达到预期效果的前提下尽可能降低食品添加剂在食品中的使用量。

（2）在下列情况下可使用食品添加剂

1）保持或提高食品本身的营养价值。

2）作为某些特殊膳食用食品的必要配料或成分。

3）提高食品的质量和稳定性,改进其性状。

4）便于食品的生产、加工、包装、运输或者储藏。

模块 三
常用设备与工具

学习单元一 常用设备

一、成熟设备

1. 常用成熟设备的种类（见表 3-1）

表 3-1 常用成熟设备的种类

种类	特点	示例
电烤箱	◎ 使用方便，不产生废气和有毒物质，产品干净卫生 ◎ 烹饪时间长，能耗高	
燃气烤箱	◎ 预热较快，温度易控 ◎ 卫生清理比较麻烦	
微波炉	◎ 安全，无明火 ◎ 可能导致食物加热不均匀	
空气炸锅	◎ 速度较快，易于清洁，安全 ◎ 制品口感不如传统设备制品酥脆	

2. 常用成熟设备的使用及保养

> **常用成熟设备的使用**

※ 成熟设备的电源插座要符合标准,避免将电线暴露在热源或水源附近。
※ 在使用成熟设备之前,要仔细阅读并理解使用手册中的操作指南和安全注意事项。
※ 在使用成熟设备时,要保持安全距离,避免将手或身体其他部位靠近热源,以免烫伤。

> **常用成熟设备的保养**

※ 应定期检查成熟设备的配件,发现损坏、变形或磨损,要及时更换,确保设备的正常运行。
※ 不使用成熟设备时,确保设备安全存放,避免造成设备损坏或意外事故。

二、机械设备

1. 常用机械设备的种类(见表3-2)

表3-2 常用机械设备的种类

种类		适用范围	特点
搅拌机	面包面团搅拌机	用于搅打面包面团	功率大,一次加工面团数量多
	多用途搅拌机	用于搅打大量稀奶油、蛋液	功能性强,容量大

续表

种类		适用范围	特点
搅拌机	小型台式搅拌机	用于搅打少量稀奶油、蛋液	小巧轻便，操作简单
其他机械设备	酥皮机	用于压制起酥面包面团和混酥类面团	压制效果好，质量稳定
	切片机	用于切片加工面包制品	厚薄均匀，切面整齐
	成型机	用于分割、揉圆面团	自动化加工，可精准成型
	面团分块机	用于分割面团操作	一次分割数量多，质量均匀

小型台式搅拌机

酥皮机

2. 常用机械设备的使用及保养

常用机械设备的使用

※ 操作机械设备时，要佩戴防护装备，如安全眼镜、手套、防护服等，避免意外伤害。

※ 在每次使用机械设备之前，应检查机械设备的各个部件和连接是否正常，确保设备处于良好的工作状态。

※ 确保机械设备周围的工作区域整洁有序，没有杂物和障碍物。

> **常用机械设备的保养**
>
> ※ 在每次使用后,及时清洁机械设备的各个部分,可适当使用清洁剂,但要遵循机械设备制造商的建议。
> ※ 根据机械设备的要求,定期给机械设备的部件添加润滑剂,确保运转顺畅。
> ※ 定期检查机械设备的磨损部件,及时更换磨损严重的部件,保持设备的正常运行。

三、恒温设备

在西式面点制作中,恒温设备通常用于控制面团发酵和烘焙过程中的温度,以确保面点的质地和口感。

1. 常用恒温设备的种类(见表3-3)

表3-3 常用恒温设备的种类

恒温设备	划分依据	种类划分	适用范围	使用说明
电冰箱	制冷功能	冷藏电冰箱	适合保存新鲜食材和短期储存	温度一般设置为0~5℃
		冷冻电冰箱	适合冷冻食品和长期储存	温度一般设置在-18℃以下
		速冻柜	用于慕斯蛋糕的冷冻成型	快速制冷到-25℃以下,一般需要60 min
发酵箱	能否自动补水	自动发酵箱	适合发酵面团、面包、蛋糕类食品	使用时,水槽内无水不可干烧,否则会损坏发酵箱
		半自动发酵箱		

电冰箱　　　　　　　　发酵箱

2. 常用恒温设备的使用及保养

> **常用恒温设备的使用**
>
> **电冰箱的使用**
> ※ 电冰箱应放置在空气流通、远离热源且不受阳光直射的地方，箱体四周留有 10～15 cm 空隙便于通风降温。
> ※ 电冰箱内存放的食品不宜过多且要定期清理，食品之间要留有空隙以保持冷气流通。
> ※ 电冰箱内的生熟食品应分开存放。
> ※ 使用时应减少打开箱门的次数，以减少冷气流失。
>
> **发酵箱的使用**
> ※ 使用前要在底盘水槽内加入适量的水。
> ※ 发酵箱的湿度一般控制在 78% 左右。

常用恒温设备的保养

电冰箱的保养

※ 定期清除电冰箱内的霜，除霜时切断电源，取出电冰箱内存放的食物。

※ 运行过程中不要经常切断电源。

※ 长期停用时，应将冰箱内、外擦洗干净，放在通风干燥处。

发酵箱的保养

※ 及时清洁发酵箱内部，移除面团残留物和其他污垢，使用温和的清洁剂和柔软的布、海绵进行清洁。

※ 确保发酵箱周围通风良好，避免堵塞通风口，便于排出潮湿和异味，减少霉菌滋生。

学习单元二　常用工具

一、刀具

在西式面点制作过程中，需要使用各种刀具来辅助进行定型工作。

1. 常用刀具的种类（见表 3-4）

表 3-4　常用刀具的种类

种类	特点	用途	展示
抹刀	由不锈钢片制成的无锋刃、圆头的刀具	主要用来涂抹打发的稀奶油、果酱、巧克力等	
锯刀	由不锈钢片制成，一端有锯齿形刀锋的刀具	主要用来切分酥软制品	

续表

种类	特点	用途	展示
滚刀	一种带圆轮的刀具，其圆轮一般有花纹圆轮和光滑圆轮两种	主要用来切割面团	
分刀	又称牛角刀，刀刃锋利	主要用来切割硬质原料、排类制品	

2. 刀具的使用及保养

刀具的使用

※ 根据需要切割的材料和厚度，选择合适的刀具类型和尺寸。
※ 在使用刀具切割时要集中注意力，避免过度用力。
※ 使用后应清洗干净，用热水冲净黏附在刀具上的油脂等，然后将刀具擦干。

刀具的保养

※ 对于存放时间较长的刀具，可以在刀刃上涂抹防锈油，防止生锈。
※ 将刀具放在干燥、通风良好的地方，刀具应平稳存放，避免受到撞击或挤压。
※ 定期检查刀具的锋利度和完整性，如有损坏或磨损，及时更换刀具。

二、模具

1. 常用模具的种类（见表 3-5）

表 3-5　常用模具的种类

种类		介绍
烘烤模具	烤盘	◎ 按材质分为铝合金烤盘、铁烤盘、镀铝烤盘等 ◎ 按用途分为通用烤盘和专用烤盘
	蛋糕模具	◎ 按蛋糕大小和形状分为大型圆形蛋糕模具、大型异形蛋糕模具、小型蛋糕模具等 ◎ 按是否能拆开分为活动蛋糕模具、固定蛋糕模具
烘烤模具	点心模具	◎ 常见的有排模具、塔模具、派盘、比萨盘等 ◎ 适用于混酥类、清酥类等制品
	面包模具	常见的有吐司模具、花式面包模具等
刻制模具		◎ 一般由不锈钢或硬塑料制成 ◎ 适用于面包（如甜甜圈、菠萝面包）、混酥饼干、杏仁膏装饰件、软巧克力装饰件、白帽糖装饰件等的制作

2. 模具的使用及保养

· 模具的使用 ·

※ 模具的尺寸和精度应准确符合所需产品的规格和要求,以确保成型产品的质量和一致性。
※ 要保持模具的清洁卫生,保证食品的安全。

· 模具的保养 ·

※ 使用后,应及时清洗干净,去除残留的面点材料。
※ 清洗后的模具需要晾干或用干净的布擦干,避免留下水印。模具完全干燥后,涂抹一层防锈油脂,防止模具生锈。
※ 将模具存放在干燥、通风、无阳光直射的地方。

三、案台

案台是制作西式面点的工作台,常用的案台包括木质案台、大理石案台、塑料案台和不锈钢案台。

1. 常用案台的种类(见表 3-6)

表 3-6　常用案台的种类

种类	材质	特点
木质案台	以枣木为最好,柳木次之	适合制作酥类制品
大理石案台	一般是用厚约 4 cm 的大理石材料制成	刚性好、硬度高、耐磨性强、温度变形小,但台面较重

续表

种类	材质	特点
塑料案台	由塑料制成	易于清洁和消毒，但是易受到温度和切割工具等因素的影响
不锈钢案台	整体由不锈钢板材制成，表面不锈钢板材的厚度一般为 0.8～1.2 mm	美观大方、清洁方便、传热性能好，目前使用较多

2. 案台的使用及保养

• 案台的使用 •

※ 木质案台。在使用刀具时，需要均匀地使用力量，避免划伤或损坏案台表面。
※ 大理石案台。不能用重物敲击大理石案台。
※ 塑料案台。不要直接接触高温制品，避免发生变形、破裂等问题。
※ 不锈钢案台。避免用尖锐物或重物敲击台面。

• 案台的保养 •

※ 木制案台容易滋生细菌，因此使用后必须保持干燥。
※ 无论哪种案台，在使用后一定要将其彻底清洗干净。

四、其他常用工具

在制作西式面点时，还会用到诸多其他工具来辅助制作。

1. 其他常用工具的种类（见表 3-7）

表 3-7　其他常用工具的种类

种类		介绍
衡器	电子秤	◎ 使用最方便的衡器，一般有液晶显示、去皮称重等功能 ◎ 称量快速、准确、自动，称量范围广泛
	量杯	◎ 用来量取液体原料的体积 ◎ 多由铝、玻璃、塑料制成
擀制工具		◎ 多由木头、塑料制成，外表光滑 ◎ 常见的有通心槌、长擀面杖、短擀面杖等
刮板		◎ 又称刮刀、刮片，由不锈钢、硬质塑料或软质塑料等材料制成 ◎ 主要用来调制面团、清理案板或分割面团
打蛋器		◎ 由钢丝条捆扎在一起制成 ◎ 用来搅打蛋液、稀奶油等原料
搅板		◎ 一般由木头、橡胶等材料制成 ◎ 多用来搅拌原料

续表

种类		介绍
裱制工具	裱花袋	◎ 制作材料一般为布、塑料等 ◎ 裱制较稠、较硬的材料时宜选用布制裱花袋，裱制稀奶油等较稀薄材料时多选用塑料裱花袋
	裱花嘴	◎ 一般为金属制成的圆锥形结构 ◎ 头部一般制成齿状、圆弧状、扁平状等大小不一的造型，用来裱制不同的线条、花纹、图案
不粘烤盘布		◎ 耐高温、防粘连、可连续使用 ◎ 用于饼干、蛋糕、面包等西式面点的烘烤
耐热手套		戴上耐热手套取出烤箱中的烤盘、模具等高温物品，以防止烫伤
散热网		烘烤成熟的蛋糕、面包等产品可置于散热网上冷却
蛋糕用具	蛋糕倒立架	在冷却圆模蛋糕时使用，防止蛋糕收缩
	蛋糕分片器	将蛋糕水平切割成片
	蛋糕切割器	将蛋糕纵向切割成块

2. 其他常用工具的使用及保养

其他常用工具的使用

※ 电子秤开机后应先检查显示数值是否归位到"0",称重时要按"去皮"键。称量结束应关闭电源。
※ 擀制工具在使用过程中不能靠近热源,以免变形损坏。
※ 使用刮板时,不宜切制硬质原料。
※ 使用打蛋器时,不宜搅打硬质原料,避免钢丝断裂。
※ 使用搅板时,不要用力去铲,防止损坏锅具。
※ 使用裱花袋时,在袋尖底部剪开一个小口,口的大小应能使裱花嘴的尾部留在袋内而头部露出。

其他常用工具的保养

※ 各种工具的保养要以清洁、卫生为标准,不要接触强酸性、强碱性物质,防止工具变形、损坏。

模块 四
食品安全与安全生产

学习单元一　食品安全知识

一、食品安全管理要求

1. 从业人员个人卫生要求

（1）食品生产经营者应建立并执行从业人员健康管理制度。从业人员每年取得健康证后方可参加工作。

（2）从业人员应保持良好的个人卫生，做到"四勤"；从业人员进入食品操作间工作时，要做到"三净"。

> **小贴士**
> ※"四勤"：勤洗手、剪指甲；勤洗澡、理发；勤洗衣服、被褥；勤换工作服。
> ※"三净"：工作服、工作帽、工作鞋要保持干净。

2. 食品安全操作要求（见表4-1）

表4-1　食品安全操作要求

操作方面	操作要求	
原料	原料采购	不得采购不符合食品安全标准的原料

续表

操作方面		操作要求
原料	原料运输	◎ 运输食品原料时应保持工具与设备设施的清洁，必要时应消毒 ◎ 运输保温、冷藏（冻）食品时应有必要的保温、冷藏（冻）设备设施
	原料储存	储存原料的场所、设备应保持清洁，分类、分架、隔墙、离地存放原料
加工制作	制作检查	在制作加工过程中应检查待加工的原料，发现有腐败变质或者其他异常的，不得继续加工或者使用
	制作环境	保持加工经营场所的内外环境整洁，消除老鼠、蟑螂等有害生物及其生存条件
	制作过程	◎ 需要熟制加工的食品应烧熟煮透 ◎ 需要冷藏的熟制品应及时冷藏
清洗消毒		◎ 工器具清洗要实行"四过关"，即一洗、二刷、三冲、四消毒 ◎ 抹布要勤洗、勤换，避免污染 ◎ 制作直接食用食品的工具、器具，在使用前及使用后需要进行消毒

二、食品污染与食物中毒

1. 食品污染

食品污染是指危害人体健康的有害物质进入食品的过程。

（1）食品污染的种类（见表4-2）

表4-2 食品污染的种类

种类	介绍
生物污染	◎ 因微生物及其毒素、寄生虫及其虫卵、病毒等对食品的污染造成的食品质量安全问题 ◎ 污染途径主要有原料污染、加工过程污染，以及食品储存、运输和销售过程污染
非生物污染	◎ 因非生物物质对食品的污染造成的食品质量安全问题 ◎ 污染源有工业"三废"（注：废气、废水、废渣）、化学农药、食品添加剂以及不满足卫生要求的原料、机械设备、食品容器和包装材料等

（2）食品污染的预防

为了控制和防止有害物质对食品的污染，不断提高食品的卫生质量，需要做好食品污染的预防工作。

※ 西式面点制作从业人员要经常参加卫生知识讲座，认识食品污染的危害，自觉做好预防食品污染的工作。

※ 对制作环境进行安全卫生管理与监督，及时发现可能导致食品污染的问题，并进行处理。

2. 食物中毒

食用各种被有毒有害物质污染的食品后发生的急性疾病称为食物中毒。食物中毒有突发性、潜伏期短、无直接传染性等特征。

（1）食物中毒的种类与预防措施（见表 4-3）

表 4-3　食物中毒的种类与预防措施

种类	介绍	预防措施
细菌性食物中毒	具有季节性，一般多发于每年的 5—10 月	注意生产、加工、运输、储存、销售过程中的清洁消毒，避免细菌污染
霉变食物中毒	霉菌常引起食品变质，以黄曲霉毒素食物中毒为主	◎ 采购中不购买发霉的原料或食品 ◎ 发现库存食品有变质发霉的情况应立即销毁，不得使用
有毒动、植物中毒	有些动、植物中含有某种有毒的天然成分，由于加工不当，未有效去除或未彻底去除有毒成分，引起中毒	避免使用有毒动、植物，不使用来源不清的食材
化学性食物中毒	重金属、农药及其他有毒化学物质混入食品中，被食用而引起的食物中毒	◎ 严禁在食品储存场所存放有毒有害物品 ◎ 蔬菜加工前用清水浸泡 5～10 min，再用清水反复冲洗三遍，温水冲洗效果更好 ◎ 接触化学物品后要洗手

（2）食物中毒患者的抢救

食物中毒发生后，对中毒患者要及时送医进行抢救。对食物中毒患者的抢救措施包括：

1）催吐、洗胃、导泻、灌肠等，排出未被吸收的有毒物质。

2）使用拮抗剂（如生鸡蛋蛋白、豆浆、牛乳）阻止人体吸收有毒物质，保护胃肠道黏膜。

3)大量饮水或静脉输液,稀释体内有毒物质,保护肝脏、肾脏。

三、《中华人民共和国食品安全法》

为了保证食品安全,保障公众身体健康和生命安全,我国制定了《中华人民共和国食品安全法》。西式面点制作从业人员必须遵守相关规定,使西式面点的生产经营符合食品安全标准。

※ 贮存、运输和装卸食品的容器、工具和设备应当安全、无害,保持清洁,防止食品污染,并符合保证食品安全所需的温度、湿度等特殊要求,不得将食品与有毒、有害物品一同贮存、运输。
※ 直接入口的食品应当使用无毒、清洁的包装材料、餐具、饮具和容器。
※ 食品生产经营人员应当保持个人卫生,生产经营食品时,应当将手洗净,穿戴清洁的工作衣、帽等。
※ 用水应当符合国家规定的生活饮用水卫生标准。

学习单元二　安全生产知识

一、安全用电与安全用气

在西式面点制作过程中，要安全用电、用气，防止火灾、触电或其他意外事故的发生。

1. 安全用电

电气设备失火多是由电气线路或电气设备发生故障以及不正确操作引起的。为了保证用电安全，要对电气设备进行检查，并注意电气设备的安全使用。

（1）电气设备的安全检查

检查要点

※ 定期检查电气设备的绝缘状况，禁止电气设备带故障运行。禁止电气设备超负荷运行，并需采取有效的过载保护措施。

※ 检查电气设备周围是否放置了易燃易爆物品，检查通风条件是否良好。

※ 定期检查电气设备的自动切断供电、电气隔离等电击防护措施是否有效，以在电气设备有故障时保障维修人员的安全。

（2）安全用电注意事项

注意事项

※ 操作人员必须经过操作培训，掌握一定的安全操作方法，有能力操作电气设备和消防设备。
※ 电气设备的使用必须符合安全规定，移动电气设备必须使用相匹配的电源插座。
※ 发现电气设备运转异常时必须马上停机并切断电源，查明原因并修复后才能重新启动。

2. 安全用气

燃气具有易燃、易爆等特点，燃气设备的正确安装及安全使用对安全生产具有重要意义。

（1）燃气设备的正确安装

关键点

※ 燃气设备必须安装在阻燃物体上，以保障操作、清洁和维修人员的安全。
※ 各种燃气设备的压力表必须符合要求，且与设备使用压力相匹配。
※ 燃气源与燃气设备之间的距离、连接软管长度等必须符合规定。

（2）安全用气注意事项

> **注意事项**
>
> ※ 人工点火时要做到"以火等气"，不能"以气待火"，防止发生泄漏事故。
> ※ 凡是加热设备有明火的，在使用过程中必须有操作人员看守。
> ※ 燃气设备要按要求进行定期保养、检查。
> ※ 对于容易产生油垢或积油的地方，如排油烟管道等处要保持清洁，消除引发火灾的安全隐患。

二、工具设备的安全使用

正确、安全地使用工具和设备是至关重要的，可保护人体免受意外伤害。

1. 刀具的安全使用

刀具是最常见的手动工具，也是最容易发生事故的工具，需要正确、安全地使用各类刀具。

> **刀具的安全使用**
>
> ※ 严禁在使用刀具时开玩笑或做不恰当的动作，防止伤人事故的发生。
> ※ 刀具应置在明显的地方，不要放在水中或物品下，防止意外割伤事故的发生。
> ※ 根据加工对象选择合适的刀具，减少劳动损伤。

2. 模具的安全使用

应根据西式面点制作工艺选择事宜的模具,并在使用时注意操作安全。

> **模具的安全使用**
>
> ※ 拿取加热后的烘烤模具时,应佩戴耐热手套,避免烫伤。
> ※ 使用刻制模具时要小心操作,以防划伤手指。

模块 五
混酥类点心制作

学习单元一　混酥类点心制作工艺

一、混酥类点心概述

混酥类点心又称油酥类点心，主要由低筋面粉、油脂、糖、鸡蛋等制作而成。此类点心的面坯无层次，但制品具有酥松性。混酥类点心的馅料可根据需要调制成不同口味。

1. 混酥类点心的种类

混酥类点心的种类有塔类混酥、派类混酥、排类混酥、混酥类饼干等。

塔类混酥	简称塔，又称挞。塔多是单层皮的，也有比较薄的双层皮塔。塔的形状较多，如圆形、椭圆形、船形、带圆角的长方形等，其制作模具一般比派类混酥的制作模具要深。
派类混酥	简称派，是西餐中常见的点心，有单层皮派和双层皮派之分，一般切割成块状后食用。
排类混酥	多呈长方形或近似长方形，面坯用刀切割成小块或条状，一般切分后食用。
混酥类饼干	指将混酥类面团或面糊通过模具或裱花嘴制作出的形状各异的饼干，一般会添加麦片或杏仁片、可可粉或抹茶粉等辅料来调节口味。

2. 混酥类点心的特点

混酥类点心表面呈乳黄色或棕黄色，底部呈深麦黄色。其口感酥松爽脆，主要有甜、咸两种口味。

二、面团的调制

1. 混酥类面团的主要原料

（1）低筋面粉

面粉蛋白质含量太高会使面团产生较高的筋力，为避免制成的生坯在烘烤后出现收缩、质硬等现象，调制混酥类面团应选用筋力较低的面粉，蛋白质含量应低于10%。

（2）油脂

制作混酥类面团时应选用熔点较高、可塑性强的油脂，此类油脂便于生坯成型。在混酥类面团配方中，油脂占面粉的比例一般为50%～60%。调制混酥类面团常用的油脂有黄油等。

（3）食盐

食盐在混酥类面团中的用量较少，少量添加可以引发出原料风味，降低点心甜度。

（4）糖

调制混酥类面团应选用容易溶化的糖粉或白砂糖，若糖的晶体粒太粗，不易于快速溶化，调制成面团后会难以擀制，制品成熟后表面可能会呈现一些斑点，影响美观性和酥松性。

（5）鸡蛋

制作混酥类面团时放入鸡蛋可以增加面团的酥性，提高点心的色泽度和营养。制作西式面点时一般蛋白和蛋黄分开使用，一般用全蛋液来表示蛋白加蛋黄的混合物。

2. 混酥类面团调制的工艺方法

（1）油糖搅拌法

油糖搅拌法指调制混酥类面团时，先将糖粉和黄油一起搅拌，再加入全蛋液和低筋面粉等原料继续搅拌形成均匀面团的方法。

具体操作方法为：

1）将低筋面粉、糖粉过筛；

2）将糖粉和黄油搅拌均匀；

3）分次加入全蛋液，并搅拌均匀；

4）加入低筋面粉，用搅拌机低速搅拌或人工揉捏混合成均匀的面团。

（2）油粉搅拌法

油粉搅拌法指调制混酥类面团时，先将黄油和等量的低筋面粉一起搅拌，混合均匀后再加入糖粉、全蛋液、剩余的低筋面粉等原料继续搅拌形成均匀面团的方法。此方法适用于制作口感特别酥松的混酥类点心。

具体操作方法为：

1）将低筋面粉、糖粉过筛；

2）将黄油与等量的低筋面粉搅拌均匀；

3）加入糖粉搅拌均匀；

4）分次加入全蛋液并搅拌均匀；

5）加入剩余的低筋面粉，用搅拌机低速搅拌或人工揉捏混合成均匀的面团。

3. 甜酥面团制作

配方原料			
低筋面粉	500 g	黄油	300 g
全蛋液	250 g	糖粉	200 g

操作步骤	

步骤 1

用搅拌机的桨状绞头将黄油与糖粉打发。打发时速度先快后慢。

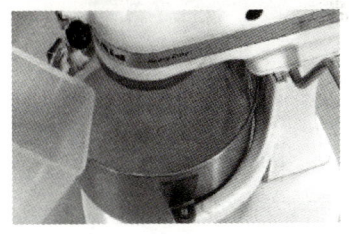

步骤 2

将全蛋液分次加入搅拌机，继续打发，直至混合均匀、颜色变白。

步骤 3

加入已过筛的低筋面粉，将搅拌机调至最慢速，混合均匀。

步骤 4

将面团用保鲜膜包好，整理成长方形，放冰箱冷冻 30 min 以上，使面团松弛，油脂凝固。

4. 咸酥面团制作

配方原料			
低筋面粉	500 g	黄油	250 g
食盐	35 g	水	225 g
全蛋液	100 g		

操作步骤

步骤 1

将食盐放入凉水中溶化。

步骤 2

在盐水中放入打散的全蛋液并拌匀。

步骤 3

用搅拌机的桨状绞头，将黄油与等量的低筋面粉搅打成雪花状。

步骤 4

将混合好的液体分次倒入搅拌好的油粉中，搅拌均匀后加入剩余的低筋面粉，用搅拌机的最慢速搅拌成面团。

模块五 | 混酥类点心制作

操作步骤	

步骤 5 将面团放置在保鲜膜上,整理成长方形,并用保鲜膜包好。	步骤 6 将面团放进冰箱冷冻 30 min 以上,使面团松弛凝固、便于擀压。

关键点

※ 加入搅拌机中的黄油要提前冷藏,搅拌时动作要快,避免黄油熔化。

※ 搅拌时面团不可搅打过久,防止面团上劲。

三、生坯的成型

混酥类生坯的成型方法有手工成型和机器成型两种。

手工成型的方法有很多,如切、捏、刻等,一般相互配合使用,采用手工成型法时一般需要借助模具。

机器成型法一般借助压面机将面压出合适厚度,再利用模具成型。

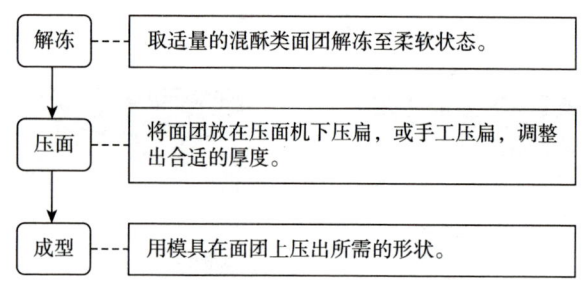

注意事项

※ 割制面团时,要做到动作迅速。应尽量减少割制时所用的时间,尤其是在夏季温度较高时,混酥类面团极易变软,影响成型操作。

※ 割制面团时,动作要轻柔、一次到位。如果用力太大,极易将面团割透,这将影响成品的品质和外观。另外,如果割制不能一次成功,就会破坏面团表面结构,影响成品的美观。

※ 擀制成型时,为防止面团出油、上劲,不要将面团反复擀制揉搓,以免导致成品收缩、口感发硬、酥松性差的不良后果。

※ 捏制成型时,动作要快、灵活,否则面团在手指的温度下极易变软影响操作。

※ 为方便操作可将压平、压薄的面团放在一个平盘上,放入冰箱冷却一段时间后再成型,这样不仅容易成型、刻制,而且因冷却后面团中的面筋重新伸展,成品烤熟后不易变形。

四、点心的成熟

1. 工艺方法

（1）一次烘烤成熟

一次烘烤成熟指将第一层面团铺入模具后填入馅料，直接烘烤；或在馅料上方覆盖第二层面团后进行烘烤。

（2）二次烘烤成熟

二次烘烤成熟指将面团铺入模具后进行第一次烘烤；取出面团待其冷却后填入馅料，覆盖第二层面团，进行第二次烘烤。

2. 影响点心成熟的因素

（1）烘烤时间和温度

如果烘烤时间过长或温度过高，点心可能会烤焦或变得过干。如果烘烤时间不足或温度过低，点心可能无法完全熟透。

（2）面团配方和成分比例

不同的面团配方和成分比例会影响点心的口感、层次感和熟透程度，如添加了较多黄油的面团可能会更快烤熟，而含水分较高的面团可能需要更长时间才能熟透。

（3）点心的形状和大小

相同配方、不同形状和大小的点心在烘烤时可能需要不同的时间和温度才能达到相同的成熟度。较大的点心需要更长时间才能熟透，而较小的点心则烤熟得更快。

（4）烘烤工具和设备

不同的烤箱、烤盘和烤具传热能力可能存在差异，在使用时需要根据自己的设备进行调整。烤盘在烤箱中的放置位置也会对成熟程度产生影响。

注意事项

※ 预热烤箱。在放入点心之前，确保烤箱已经预热到适当的温度。预热可以帮助点心迅速膨胀，并确保烘烤的均匀性。

※ 表面扎眼。对于夹有馅心的混酥类制品，放入烤箱之前要在制品表面扎些透气眼，以利于烘烤时水汽的溢出，保持制品表面的平整和美观。

※ 翻转点心。在烘烤过程中，如果发现点心的一侧烤得更快或更慢，可以尝试将点心翻转，以获得均匀的烘烤效果。

※ 及时取模。烘烤成熟的制品，需及时取下模具，以防模具的热传导性使制品继续加热影响制品的色泽和质量。

※ 成熟检查。检查夹有馅心的混酥类制品是否成熟时，首先要看制品底部的成熟程度，然后决定是否出炉。

学习单元二　混酥类点心制作实例

一、鲜果塔

烘烤

甜味

1 h

配方原料

奶油馅	200 g	樱桃、猕猴桃等新鲜水果	200 g
亮面果胶	50 g	甜酥面团	适量

操作步骤

步骤 1
将甜酥面团擀成 3 mm 厚的薄片。

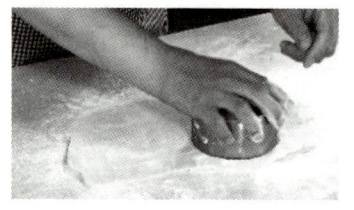

步骤 2
用平口刻圈将面片刻出圆片。

步骤 3
将刻好的面片放入塔模具内，去掉多余面片，用叉子在塔皮底部扎孔。

步骤 4
放入已预热到上下均为 180 ℃ 的烤箱中，烤 12 min 左右至金黄色。

步骤 5
将烤好的塔皮从模具中取出，放至散热网冷却。

步骤 6
将调好的奶油馅挤入塔皮中。

模块五 | 混酥类点心制作

操作步骤

步骤 7
表面码放切好的新鲜水果。

步骤 8
在鲜果塔表面刷一层亮面果胶，使表面光亮好看，并能保持水果不蒸发水分。

扫码看视频

鲜果塔

关键点

※ 面片薄软，扎孔时动作要轻柔。
※ 装模时要将模具底部和周围的空气排出，防止烘烤时塔皮凸起。

二、核桃派

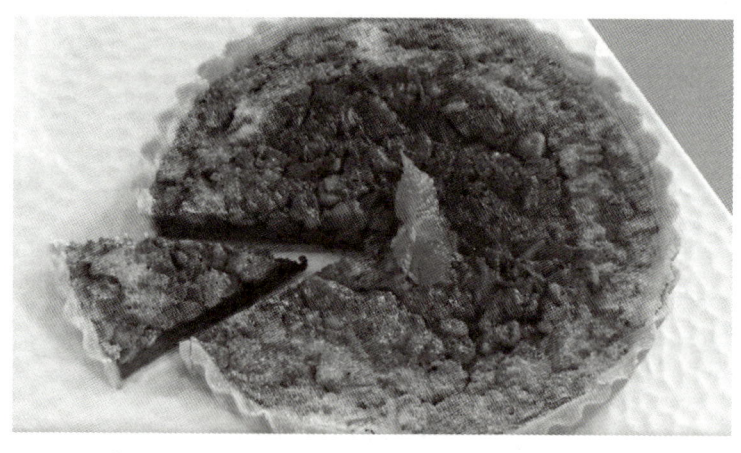

 烘烤　　 甜味　　 2 h

配方原料

红糖	110 g	全蛋液	150 g
黄油	45 g	核桃碎	50 g
糖粉	适量	甜酥面团	适量

操作步骤

步骤1

将烤箱提前预热至170 ℃。

步骤2

将红糖、全蛋液倒入不锈钢盆中,并搅拌均匀。

操作步骤

步骤 3
将混合物分次倒入熔化的黄油中,再搅拌均匀。

步骤 4
在混合物中倒入核桃碎,搅拌均匀,制成核桃派馅料。

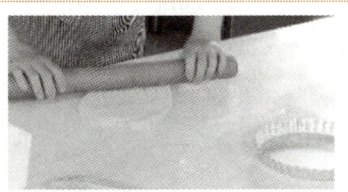

步骤 5
用擀面杖将甜酥面团擀成 3 mm 厚的薄片。

步骤 6
将擀好的面片放入派模具,去掉多余面片。

步骤 7
将制作好的核桃派馅料放入已铺好面的模具中。

步骤 8
放入 170 ℃ 的烤箱中,烤 40 min 左右至核桃派馅料表面变硬即可,完成后表面撒糖粉进行装饰。

扫码看视频　　　核桃派

> **关键点**
>
> ※ 装模时要将模具底部和周围的空气排出,防止烘烤时派皮凸起。
>
> ※ 倒入核桃派馅料时,只需倒入八成满,避免馅料在烘烤时溢出。

三、洋葱培根塔

烘烤　　　　　　咸味　　　　　　2 h

配方原料

植物油	10 g	洋葱	150 g
培根	150 g	黑胡椒碎	1 g
牛奶	150 g	稀奶油	150 g
全蛋液	120 g	蛋黄	38 g
豆蔻粉	0.5 g	胡椒粉	0.5 g
奶酪丝	150 g	食盐	2 g
咸酥面团	适量		

操作步骤

步骤1
制作洋葱培根馅料。首先在锅中加入底油和洋葱翻炒至香,然后再加入切好的培根翻炒,最后加入黑胡椒碎,炒熟备用。

步骤2
制作咸白少司。首先在锅中加入牛奶和稀奶油煮沸,然后加入搅拌均匀的全蛋液和蛋黄,最后加入豆蔻粉、胡椒粉和食盐,煮沸备用。

步骤3
用擀面杖将咸酥面团擀成3 mm厚的薄片。

步骤4
用分刀切出比模具直径大1.5 cm的大圆片。

操作步骤

步骤 5

将切好的面片放入塔模具，去掉多余面片，将铺好面片的塔模具放入冰箱中冷冻 20 min。

步骤 6

将制作好的洋葱培根馅料和咸白少司分别放入已铺好面片的塔模具中。

步骤 7

在塔模具最上方放入奶酪丝。

步骤 8

放入预热至 180 ℃ 的烤箱中，烤 40 min 左右，至表面金黄，塔皮成熟即可。

扫码看视频

洋葱培根塔

模块五 ｜ 混酥类点心制作

> **关键点**
> ※ 装模时要将模具底部和周围的空气排出，防止烘烤时塔皮凸起。
> ※ 倒入洋葱培根馅料时，只需倒入七成满，避免馅料在烘烤时溢出。

四、黄油曲奇饼干

烘烤

甜味

1 h

配方原料

柠檬	1个	黄油	400 g
糖粉	160 g	全蛋液	50 g
蛋黄	50 g	低筋面粉	500 g

操作步骤

步骤 1
将柠檬皮用擦丝器擦成末。

步骤 2
将黄油与糖粉放入搅拌机搅拌至发白。

步骤 3
先将全蛋液和蛋黄搅匀,加入柠檬碎,放入搅拌机搅拌均匀至糊状,然后再加入过筛的低筋面粉,用慢速搅拌均匀。

步骤 4
将搅拌好的面糊装入裱花袋中。

模块五 | 混酥类点心制作

| 操作步骤 |

步骤 5

将面糊挤成型。

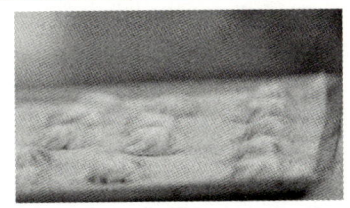

步骤 6

将饼干放入预热至 200 ℃ 的烤箱中，烘烤至色泽金黄。烤箱断电 1 min 后再将饼干取出。

扫码看视频

黄油曲奇饼干

小贴士

※ 饼干烤好，将烤箱断开电源后，将饼干放在烤箱内 1 min 后再取出，是为了使口感更加酥脆。

※ 裱花袋中挤出的面糊形状可为花形、圆圈形、S 形、条形等。

模块 六
面包制作

学习单元一　面包制作工艺

一、面包概述

面包有很多不同的种类，不同种类的面包在特点和口感上都有所不同。

1. 根据内外质地分类（见表6-1）

表6-1　面包内外质地分类表

类型	特点	工艺特性	举例
软质面包	质量轻而体积膨大，质地细腻、柔软而有弹性	配方中添加多种使面团柔软的原料，且水的用量较多	甜面包、花式面包
硬质面包	内部组织紧密结实，经久耐嚼，具有浓郁醇香口味	选用较高筋力的面粉，且水的用量较少	碱水面包、贝果、菲律宾面包
脆皮面包	表皮脆、易于折断，内部组织较柔软，具有浓郁的小麦香味	烘烤脆皮面包时需要喷水蒸气	法国棍面包、农夫面包
松质面包（起酥面包）	口感酥软，层次分明，奶香味浓郁	利用油脂的润滑性和隔离性使面团产生清晰的层次	吐司、包馅面包

2. 根据用料特点分类（见表6-2）

表6-2 面包用料特点分类表

类型	特点
白面包	使用小麦颗粒核心部分磨成的面粉制作，外观呈白色，质地轻盈
全麦面包	使用由整粒小麦磨成的全麦面粉制作，颜色较深
黑麦面包	由黑麦粉制成，含有较多膳食纤维，颜色更深
杂粮面包	主要原料有燕麦粉、小麦粉、亚麻籽、核桃仁等，含有丰富的无机盐、膳食纤维、维生素
水果面包	指加入新鲜水果的面包，加入新鲜水果可以改善面包的外观，提高面包的营养价值。水果的新鲜程度对水果面包的品质影响很大
奶油面包	配方中有较多的糖和油脂，这种面包口感柔软、味道香甜
调理面包	指在烘烤前或烘烤后在面包表面或内部添加稀奶油、可可酱、果酱等馅料的面包
营养健康面包	指在制作过程中少加糖和油脂，或加入营养丰富的原料的面包

3. 根据地域分类（见表6-3）

表6-3 面包地域分类表

类型	特点
法式面包	皮脆心软，多为棍式
意式面包	样式多，有橄榄形、棒形、半球形等，有些意式面包加入很多辅料，营养丰富
德式面包	以黑麦粉为主要原料，多采用一次发酵法。酸度较高，维生素C含量较高

续表

类型	特点
俄式面包	表皮硬而脆（冷后发韧），酸度较高
英式面包	多数采用一次发酵法制成，发酵程度较低
美式面包	以长方形白面包为主，质地松软，弹性足

二、面团的调制

1. 面包的主要原料

（1）面粉

在西式面点中，制作面包时主要采用高筋面粉。

（2）酵母

酵母（酵母菌）是一种单细胞微生物，可以通过发酵作用，使面包变得膨松柔软。面包酵母包括鲜酵母和活性干酵母。

（3）白砂糖

白砂糖不仅可以增加面包的甜度及营养价值，而且能为酵母生长繁殖提供营养物质。口感要求甜软的面包应提高配方中白砂糖的比重。

（4）油脂

油脂使面包具有特殊的香味，能改善面包的品质、增加面包的营养价值、延长面包的保质期。

由于油脂的疏水性限制了面筋蛋白质吸水，因此面包面团含油越多其吸水率越低。油脂的存在使面粉中的淀粉与面筋蛋白质不容易结合，从而降低了面团的弹性和韧性，提高了面团的可塑性。

面包中使用较多的油脂是黄油、起酥油等。

（5）乳品

添加牛奶、乳粉等可以增加面包的营养价值，使面包具有诱人的乳黄色和特殊的奶香味，使面包质地细腻、柔软、有弹性。乳品还能增强面筋的筋力，防止面团收缩，使面包成品外形完整、表面光滑。

乳粉具有耐储藏、使用方便等优点。在面包配方中，乳粉一般为面粉总量的 1%～15%。乳粉用量过大会延长面团的发酵时间。另外，乳粉具有较高的吸水率，每增加一份乳粉必须相应增加适量的水分，以保持面团软硬适度。

（6）鸡蛋

鸡蛋含有容易被人体吸收的蛋白质、脂肪和多种维生素，能提高面包的膨松程度，使面包疏松多孔有弹性、形态饱满。另外，在面包生坯表面刷一层全蛋液，经烘焙后成品能呈现一定光泽，让人很有食欲。

（7）食盐

食盐有抑制酵母发酵的作用，可用来调整发酵时间。食盐也能改变面筋的物理性质，增加其吸收水分的能力。添加适量的食盐可使面包产生咸味。咸味与白砂糖产生的甜味互助，可增加面包的风味。食盐还能使烘烤成熟的面包内部组织细密均匀，看上去较白。

（8）水

制作面包时应使用弱酸性的水，即 pH 值为 6～7 的水。

另外，硬水和极软水都不适宜制作面包。硬水会增加面筋的韧性，延长面团的发酵时间，使成品粗糙、干硬、易掉渣。极软水会使面筋变软，使成品易塌陷，如果不得不用极软水制作面包，需要在水中加适量面包改良剂。

(9) 面包改良剂

面包改良剂是由酶制剂、乳化剂、强筋剂等复合而成的一种食品添加剂。在调制面包面团时适量加入面包改良剂可增加成品的柔软程度和弹性，有效延长保质期。

2. 软质面包面团的调制

配方原料

高筋面粉	500 g	水	350 g
白砂糖	75 g	乳粉	15 g
全蛋液	50 g	食盐	10 g
干酵母	7.5 g	黄油	25 g
面包改良剂	6 g		

操作步骤

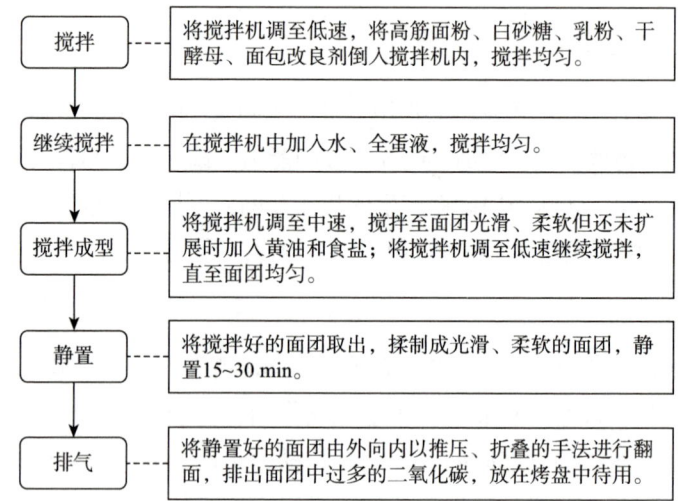

搅拌	将搅拌机调至低速，将高筋面粉、白砂糖、乳粉、干酵母、面包改良剂倒入搅拌机内，搅拌均匀。
继续搅拌	在搅拌机中加入水、全蛋液，搅拌均匀。
搅拌成型	将搅拌机调至中速，搅拌至面团光滑、柔软但还未扩展时加入黄油和食盐；将搅拌机调至低速继续搅拌，直至面团均匀。
静置	将搅拌好的面团取出，揉制成光滑、柔软的面团，静置15~30 min。
排气	将静置好的面团由外向内以推压、折叠的手法进行翻面，排出面团中过多的二氧化碳，放在烤盘中待用。

3. 硬质面包面团的调制

配方原料

高筋面粉	500 g	全麦面粉	125 g
干酵母	7.5 g	水	400 g
黄油	20 g	食盐	12.5 g
白砂糖	20 g	全蛋液	50 g

操作步骤

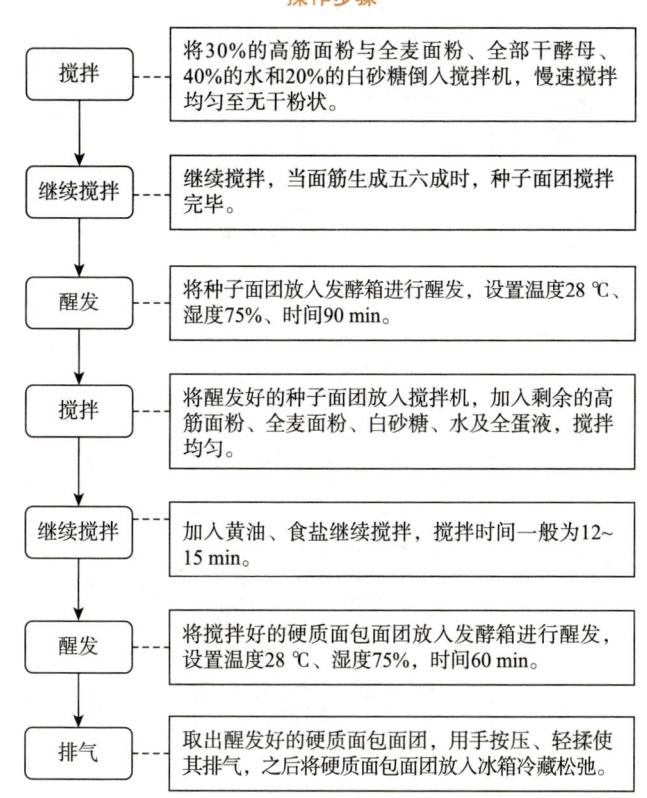

搅拌 — 将30%的高筋面粉与全麦面粉、全部干酵母、40%的水和20%的白砂糖倒入搅拌机,慢速搅拌均匀至无干粉状。

继续搅拌 — 继续搅拌,当面筋生成五六成时,种子面团搅拌完毕。

醒发 — 将种子面团放入发酵箱进行醒发,设置温度28 ℃、湿度75%、时间90 min。

搅拌 — 将醒发好的种子面团放入搅拌机,加入剩余的高筋面粉、全麦面粉、白砂糖、水及全蛋液,搅拌均匀。

继续搅拌 — 加入黄油、食盐继续搅拌,搅拌时间一般为12~15 min。

醒发 — 将搅拌好的硬质面包面团放入发酵箱进行醒发,设置温度28 ℃、湿度75%、时间60 min。

排气 — 取出醒发好的硬质面包面团,用手按压、轻揉使其排气,之后将硬质面包面团放入冰箱冷藏松弛。

4. 脆皮面包面团的调制

配方原料

高筋面粉	500 g	全麦面粉	125 g
干酵母	7.5 g	水	250 g
黄油	50 g	食盐	7 g

操作步骤

搅拌	将30%的高筋面粉和全麦面粉、全部干酵母和40%的水倒入搅拌机,慢速搅拌均匀至无干粉状。
继续搅拌	继续搅拌,当面筋生成五六成时,种子面团搅拌完毕。
醒发	将种子面团放入发酵箱进行醒发,设置温度28 ℃、湿度75%、时间90 min。
搅拌	将醒发好的种子面团放入搅拌机,加入剩余的高筋面粉、全麦面粉和水,搅拌均匀。
继续搅拌	加入黄油、食盐继续搅拌,搅拌时间一般为12~15 min。
醒发	将搅拌好的面团放入发酵箱进行醒发,设置温度28 ℃、湿度75%,时间60 min。
排气	取出醒发好的脆皮面包面团,用手按压、轻揉使其排气,之后将脆皮面包面团放入冰箱冷藏松弛。

三、面团的成型与醒发

1. 软质面包面团的成型与醒发

（1）初步成型

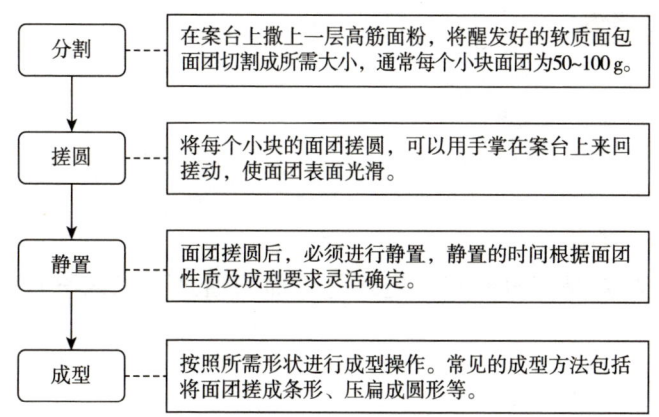

※ 静置时间一般为 15～20 min。其环境温度以 25～30 ℃为宜，相对湿度以 70%～75% 为宜。

（2）醒发

将初步制作成型的面团放入发酵箱中，设置温度 32～38 ℃，湿度 78%，时间 30～60 min。

（3）最终成型及装饰

面包的最终成型及美化装饰多种多样，最基本的工艺方法有刷蛋液、剪棱角、压花纹、撒配料、划刀等。

2. 硬质面包面团的成型与醒发

（1）分割

分割有手工分割和机器分割两种，均要求动作快速，面团全部分切时间应控制在 20 min 以内。

> **小贴士**
> ※ 尤其是在夏季，面包制作时间不能过长，以免面团醒发过度而影响面包的品质。

（2）滚圆

滚圆就是把分割成一定质量的面团通过手工或滚圆机搓成圆形。

（3）中间醒发

一般情况下，中间醒发的温度可维持在 30 ℃左右，相对湿度在 70% ~ 75%。有些硬质面包只要在案台上将面团加盖防风吹干的盖具即可。

（4）成型

利用滚、搓、包、擀、箍、切、割等将面团做成一定的形状。

> **小贴士**
> ※ 要尽快完成成型工作，并要求制品大小一致。不要使用过多的干面粉，以防影响制品质量。

3. 脆皮面包面团的成型与醒发

分割面团，搓圆，静放在温度为 25 ℃、湿度为 75% ~ 80% 的环境中醒发。待面团体积增至原来体积的 2 倍时，进行脆皮面包的成型操作。通常采用以下方法使脆皮面包成型。

（1）搓：将面团搓成枣核形。
（2）编：将醒发好的面团先搓成长条，然后再编成花样。
（3）揉：将面团揉成圆形，醒发好后再切割、划口。
（4）压：将面团醒发好后，用木棍在面包中间压一下。

注意事项

※ 成型操作时，要注意相同品种的操作手法要一致，动作要准确、到位。
※ 成型过程中，要尽量缩短操作时间，使所有面包保持相同的发酵速度。

四、面包的成熟

1. 软质面包的成熟

（1）工艺方法

烘烤

软质面包的烘烤一般需要使用烤箱完成，软质面包的烘烤温度为 200 ~ 230 ℃，视面包大小灵活确定。

大多数情况下，软质面包生坯的质量越轻、体积越小，烘烤所用的温度越高、时间越短；反之，则温度越低、时间也越长。

软质面包的油炸一般需要使用油炸炉完成，利用高温油脂的对流使软质面包生坯成熟。

1）油炸要求

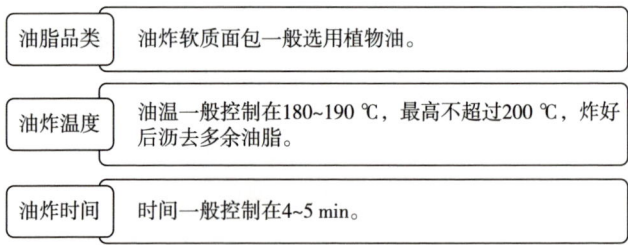

油脂品类	油炸软质面包一般选用植物油。
油炸温度	油温一般控制在180~190 ℃，最高不超过200 ℃，炸好后沥去多余油脂。
油炸时间	时间一般控制在4~5 min。

2）成熟判断

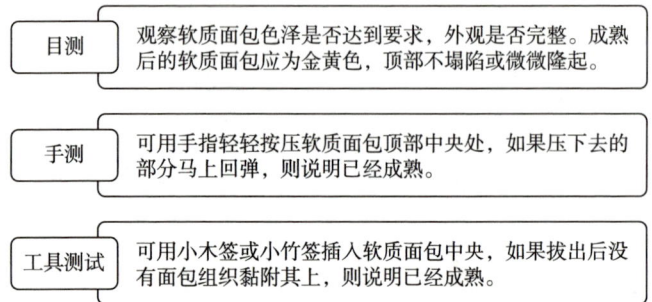

目测	观察软质面包色泽是否达到要求，外观是否完整。成熟后的软质面包应为金黄色，顶部不塌陷或微微隆起。
手测	可用手指轻轻按压软质面包顶部中央处，如果压下去的部分马上回弹，则说明已经成熟。
工具测试	可用小木签或小竹签插入软质面包中央，如果拔出后没有面包组织黏附其上，则说明已经成熟。

（2）质量要求

1）质地。质地松软，蜂窝均匀。

2）色泽。呈金黄色，色泽均匀，无焦黑处。

3）形态。造型整齐，大小一致。

2. 硬质面包的成熟

硬质面包的成熟主要运用烘烤加热的方法，其中影响硬质面包成熟的主要因素有温度、湿度和时间。

（1）温度

硬质面包的烘烤温度一般为 180 ~ 200 ℃。

> **小贴士**
>
> ※ 温度不宜过高或过低。温度过高会造成面包内部尚未完全成熟、但表皮颜色已太深的不良后果。温度过低会造成面包烘烤时间延长、水分蒸发过多、表皮干硬、制品颜色较浅的不良后果。

（2）湿度

硬质面包烘烤时，一般对湿度的要求较简单，正常烤箱内的湿度已能满足硬质面包的需要。

> **小贴士**
>
> ※ 在烘烤过程中，不宜频繁开关烤箱门，以免造成烤箱内湿度过快降低，使制品较干硬，影响制品质量。

（3）时间

硬质面包的烘烤时间取决于面包体积、质量、成分等因素。一般情况下，质量在 1 000 g 左右的硬质面包，烘烤时间为 35 ~ 60 min。

3. 脆皮面包的成熟

脆皮面包的成熟方法是烘烤成熟。

（1）烘烤要求

温度为 220 ℃ 左右。在烘烤前，烤箱中要有充足的水蒸气，保持较高的湿度。在烘烤的后半期，要求适当降低烤箱温度，打开抽气口，使多余的热气排出。

注意事项

※ 脆皮面包放入烤箱后的前 10 min 内不要打开烤箱门，防止水蒸气跑出。
※ 在面包的胀发阶段，要避免制品受到剧烈晃动。

（2）质量标准

1）具有良好的色泽，不生不糊。
2）长短、粗细一致，不能相差过大。
3）外皮松脆，内部组织松软，具有良好的口感和香味。

学习单元二　面包制作实例

一、奶油小圆面包

烘烤

甜味

2 h

配方原料

高筋面粉	1 200 g	全蛋液	250 g
牛奶	600 g	食盐	15 g
白砂糖	160 g	黄油	160 g
干酵母	30 g		

操作步骤

步骤 1
将高筋面粉、干酵母、全蛋液、牛奶倒入搅拌机的缸内混合。

步骤 2
混合均匀后再向搅拌机的缸内加入食盐、白砂糖。

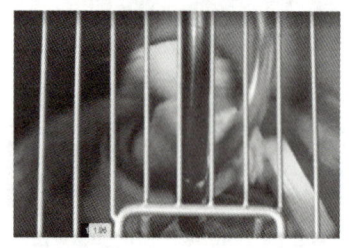

步骤 3
面团搅拌至面筋初步形成时加入黄油继续搅拌。

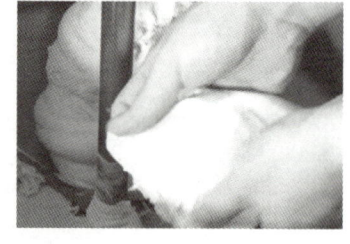

步骤 4
将面团搅拌至面筋完全扩展即可。

步骤 5
将搅拌好的面团放置在温度 25 ℃、湿度 60% 的发酵箱中进行醒发。

步骤 6
将醒发好的面团用手轻轻拍打,使其气体排出后再分割称重。

操作步骤	
 **步骤 7** 分别将面团揉成表面光滑的球形，之后放入发酵箱醒发约 25 min。	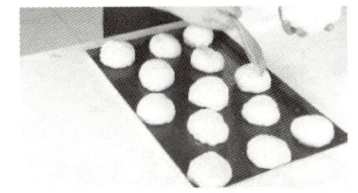 **步骤 8** 醒发后，在表面刷一层全蛋液。放入 210 ℃ 的烤箱烘烤 20 min。

扫码看视频

奶油小圆面包

二、意大利佛卡萨面包

西·式·面·点·制·作

烘烤

咸味

4 h

配方原料

高筋面粉	1 000 g	食盐	22 g
干酵母	11 g	水	700 g
橄榄油	130 g	香料油	50 g
海盐	10 g	黑橄榄	100 g
切片番茄	100 g	迷迭香	20 g

操作步骤

步骤 1

将高筋面粉、食盐放入搅拌机。再加入干酵母、水进行搅拌。

步骤 2

搅拌均匀后,加入橄榄油。搅拌至面筋完全扩展。

步骤 3

将搅拌好的面团放入发酵箱中醒发约 90 min。

步骤 4

将醒发好的面团分割成 100 g 一个的面团。

操作步骤

步骤5

将面团放置于铺好油纸的烤盘上,表面抹香料油后,用手指压成圆形片状。

步骤6

在圆形面片上撒上海盐、黑橄榄、切片番茄、迷迭香后,放入发酵箱醒发1 h。

步骤7

将醒发好的面包放入上下均为200 ℃的烤箱内烤制约25 min。

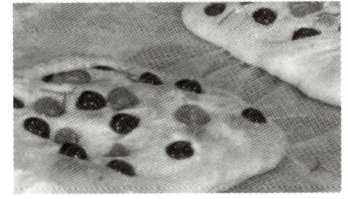

步骤8

见表面上色后,从烤箱中取出即可。

扫码看视频

意大利佛卡萨面包

三、意大利全麦面包

烘烤

4 h

配方原料

高筋面粉	1 300 g	全麦面粉	700 g
食盐	40 g	干酵母	40 g
水	1 000 g	黄油	150 g

操作步骤

步骤 1

将高筋面粉、全麦面粉、食盐放入搅拌机搅拌，再加入干酵母和水。

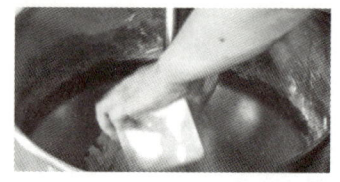

步骤 2

搅拌均匀后加入黄油，再继续搅拌。

操作步骤

步骤 3

将搅拌好的面团放入发酵箱中醒发约 90 min。

步骤 4

将醒发好的面团揉搓至圆形,然后用刀具将其分割成每个约 150 g 的小面团。

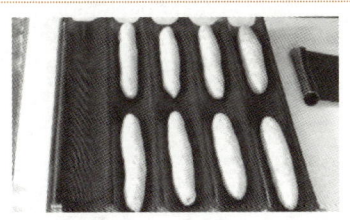

步骤 5

将小面团滚成长梭形,放于模具中,然后放入发酵箱醒发约 1 h。

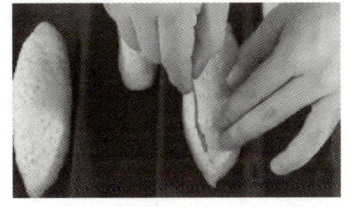

步骤 6

将醒发好的面包用专用面包刀斜划出大小均匀、深浅一致的刀口。

步骤 7

在划好刀口的面包上筛上全麦面粉。

步骤 8

将面包放入上下均为 220 ℃ 的烤箱中烤制 30 min,使其成熟呈棕黄色即可。

扫码看视频

意大利全麦面包

四、法国棍面包

烘烤

4 h

配方原料			
高筋面粉	1 000 g	水	800 g
食盐	24 g	干酵母	12 g

操作步骤

步骤 1
将高筋面粉和食盐倒入搅拌机内混匀,加水和干酵母后,中高速搅拌。

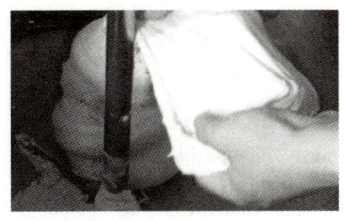

步骤 2
将面团搅打至可撑成薄膜状不破、撕开边缘光滑的状态。

步骤 3
将搅拌好的面团放入温度 25 ℃、湿度 65% 的发酵箱进行醒发,当面团达到原来体积的两倍时取出。

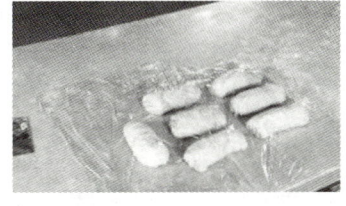

步骤 4
将醒发好的面团分割成 350 g 一个的小面团。整理后用保鲜膜覆盖松弛。20 min 后按平卷成椭圆形。

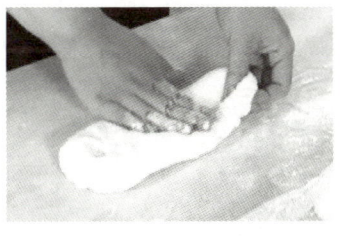

步骤 5
将椭圆形面团按压制成椭圆形面片,并横放过来。

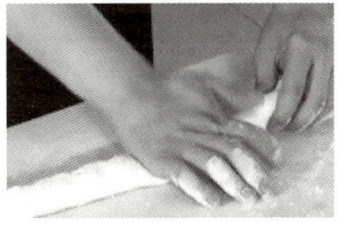

步骤 6
将椭圆形面片由一端至另一端卷成条形。

操作步骤

步骤 7

制作好的面团码放整齐，放入温度 25 ℃、湿度 65% 的发酵箱中进行醒发。

步骤 8

用刀片在面团表面划大小、方向、深浅一致的刀口。

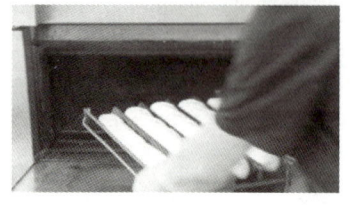

步骤 9

放入烤箱，喷水蒸气，以上火 240 ℃、下火 220 ℃ 烤制约 30 min，呈金黄色即可。

扫码看视频

法国棍面包

五、德国碱水面包

烘烤

咸味

3 h

配方原料

高筋面粉	1 000 g	黄油	65 g
食盐	20 g	干酵母	10 g
水	1 550 g	烘焙碱	50 g
海盐	30 g		

操作步骤

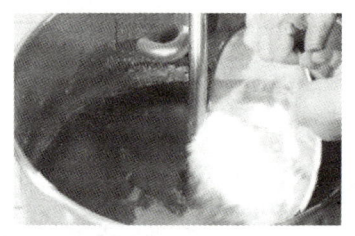

步骤 1

混合与搅拌。先将高筋面粉、食盐放入搅拌机搅拌,然后加入干酵母、水,搅拌混匀,最后加入黄油,搅拌至面筋完全扩展。

步骤 2

将搅拌好的面团放入发酵箱中醒发约 50 min。

步骤 3

将醒发好的面团分割成 80 g 一个的面团。

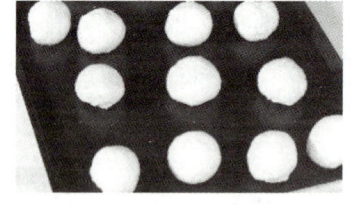

步骤 4

将面团揉成圆形放置于烤盘上。放入冰箱冷冻 30 min。

步骤 5

将水与烘焙碱混合均匀。

步骤 6

取出冷冻面团,戴上橡胶手套,将分割好的面团分别放入碱水中浸泡 30 s 后取出。

操作步骤

步骤 7
在面团顶部划十字刀口,并在开口处撒上海盐。

步骤 8
将烤盘放入上下火均为 200 ℃ 的烤箱中,烤制 20 min 取出即可。

扫码看视频

德国碱水面包

模块 七
蛋糕制作

学习单元一　蛋糕制作工艺

一、蛋糕概述

蛋糕一般以鸡蛋、白砂糖、低筋面粉为主要原料,以牛奶、奶粉、水、泡打粉等为辅料,以果仁、水果、巧克力等为装饰品。蛋糕分类见表7-1。

表7-1　蛋糕分类表

分类方式	蛋糕种类	具体说明
按照面糊性质划分	乳沫类蛋糕（清蛋糕）	主要利用鸡蛋中蛋白质的特性,通过高速搅拌,使得成品变得膨松
	面糊类蛋糕	在面粉中使用大量融合性油脂,使得面团变得柔软膨松
	戚风蛋糕	将鸡蛋分成蛋白与蛋黄,先将蛋白打发备用,然后再将蛋黄与蛋糕所用其他原料混合搅拌,成为混合面糊,最后将打发后的蛋白混入混合面糊中
按照用料特点划分	鸡蛋蛋糕	以鸡蛋为主要用料
	油脂蛋糕	以油脂为主要用料
	乳酪蛋糕	以奶油奶酪、熔化奶油、消化饼干为主要用料
	慕斯蛋糕	以胶冻原料为主要用料

续表

分类方式	蛋糕种类	具体说明
按照形态划分	杯子蛋糕	以杯子为容器制作
	片状蛋糕	先在烤箱中制作蛋糕坯，待蛋糕坯冷却后用锯刀分割成需要厚度的圆形薄片
	夹馅蛋糕	由两层或多层蛋糕夹着奶油、水果、果酱等馅料而成
	卷筒蛋糕	外形是一个薄薄的蛋糕卷，内部常常夹着奶油或果酱
	艺术装饰蛋糕	需要特殊技巧和工具进行制作，如裱花蛋糕

二、清蛋糕

清蛋糕又称海绵蛋糕，常用于各种奶油类甜点、黄油类甜点及生日蛋糕的坯料。

1. 面糊的调制

（1）一般用料

低筋面粉、糖、鸡蛋、食盐等原料，也可适当添加油脂等。

（2）制作工艺

清蛋糕面糊的制作有全蛋搅拌和分开搅拌两种方法。

1）全蛋搅拌法。将糖与全蛋液一起放置于搅拌机内，搅拌均匀后，加入过筛后的低筋面粉搅拌均匀。

> **小贴士**
> ※ 将糖与全蛋液搅打至原来体积的三倍。

2）分开搅拌法

①将蛋白与蛋黄分开放置，蛋白内加入少量糖，对其进行搅打，搅打至起泡。

②加入剩余总量 1/2 的糖继续搅打，搅打至蛋白能够立住即可。

③将剩余糖与蛋黄一起搅拌，成为乳黄色蛋黄糊。

④将过筛的低筋面粉与蛋白糊拌匀，最后将蛋黄糊放入其中搅拌均匀。

注意事项

※ 清蛋糕的制作宜选用低筋面粉，也可另外加入一些玉米粉。

※ 搅打蛋清的容器与工具不能沾油，以保证蛋清的胶黏性。

※ 控制搅拌的温度。全蛋液的搅拌温度控制在 25 ℃左右，蛋清的搅拌温度控制在 22 ℃左右。

※ 控制搅拌的时间。搅拌蛋糕糊的时间不宜过长，以防影响清蛋糕的质量。

2. 生坯的成型

生坯的成型需要借助模具，将搅拌好的蛋糕糊倒入模具内，用刮板刮平后进行烘烤。保证蛋糕成型的质量，应做到以下几点。

（1）选择合适的模具

清蛋糕中油脂较少、组织松软、容易成熟，因此对模具的要求没有油脂类蛋糕高。但在选择模具的时候仍需注意，按照需求选择适当的模具。如在制作方形清蛋糕时，可选用一个6寸的具有防粘质地的方形金属模具。

（2）掌握填充量

蛋糕糊的填充量以填满模具的七成为宜，过多会使蛋糕糊溢出模具，过少会使得水分挥发过多，影响蛋糕的口感。

> **小贴士**
> ※ 在将蛋糕糊倒入模具之前，为防止蛋糕糊黏附模具，可在模具内垫一张纸或者刷一层油。

3. 蛋糕的成熟

（1）烘烤前准备

1）必须了解烘烤的清蛋糕所需的烘烤温度与时间。
2）掌握烤箱的正确用法。
3）做好烤箱预热工作。
4）准备好蛋糕出炉的相应工具。

（2）正确排列蛋糕烤盘

将装有蛋糕糊的烤盘尽可能放置在烤箱中心位置，避免与烤箱壁触碰。同时烤盘与烤盘避免接触，更不能堆叠摆放。

（3）控制烘烤温度与时间

在烘烤清蛋糕时，应根据烘烤清蛋糕的要求，确定烘烤的温度与时间。

（4）检验制品的成熟

在清蛋糕烘烤一段时间后，可通过观察色泽、触摸、检查面糊状态等方法，对其成熟状态进行检验。

注意事项

※ 烘烤清蛋糕前，应提前将烤箱预热至180~200 ℃。
※ 不同形状、不同大小的清蛋糕制品不可放置在同一烤箱内烘烤。
※ 蛋糕糊调制好后，应尽快烘烤，若不烘烤，则需将其放在冰箱内冷藏，避免由于膨发力减少而影响成品质量。
※ 清蛋糕烘烤成熟后，需立即将其翻转，放在铺有油纸的蛋糕架上，以防止其过度收缩。

4. 操作示例

清蛋糕是大多数蛋糕制作的基础，下面以全蛋搅拌法为例展示清蛋糕制作的操作步骤。

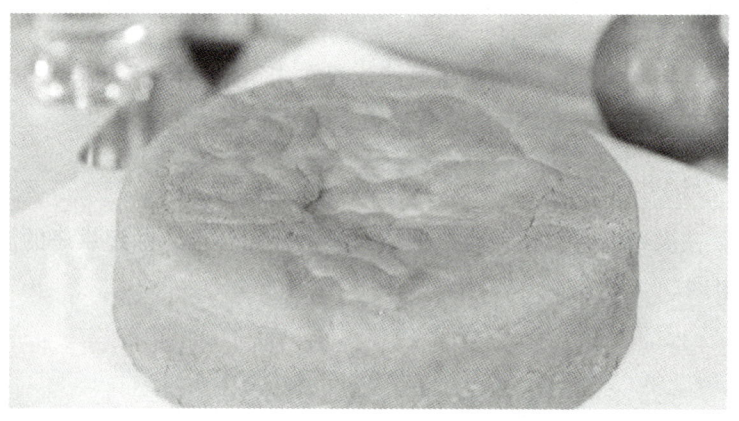

模块七 | 蛋糕制作

烘烤

甜味

1 h

配方原料

全蛋液	250 g	白砂糖	125 g
植物油	25 g	低筋面粉	125 g
香草精	适量	黄油	适量

操作步骤

步骤 1

在模具表面刷一层黄油，然后粘上一层筛好的低筋面粉。

步骤 2

将全蛋液与白砂糖放入搅拌机内进行搅拌，搅至浓稠呈乳白色。

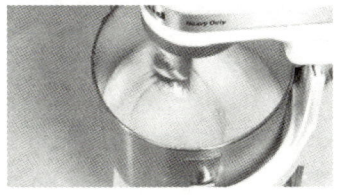

步骤 3

在混合物中加入香草精，继续搅拌。

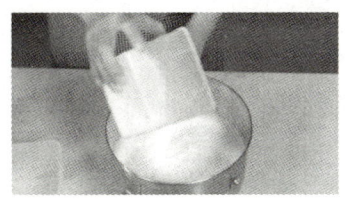

步骤 4

在已经搅拌好的混合物中加入低筋面粉，搅拌均匀，注意少量多次。

操作步骤

步骤 5

在搅拌好的混合物中,加入植物油,继续搅拌至均匀。

步骤 6

将混合物放入蛋糕模具中,并整理平整。

步骤 7

将蛋糕模具放入已经预热至上下均为 180 ℃ 的烤箱中,烤 20 min,烤至成熟呈金黄色。

步骤 8

将烤好的蛋糕倒置于散热网上冷却。

小贴士:
应尽快将烤好的蛋糕倒置于散热网上冷却,避免蛋糕收缩。

小贴士

※ 应尽快将烤好的蛋糕倒置于散热网上冷却,避免蛋糕收缩。

扫码看视频

清蛋糕

三、油脂蛋糕

油脂蛋糕是含有较多油脂的一种蛋糕,这种蛋糕香味久远、入口香甜、口感柔软。

1. 面糊的调制

(1) 一般用料

低筋面粉、糖、鸡蛋、油脂等主要原料,膨松剂等辅助原料。

(2) 制作工艺

油脂蛋糕面糊的调制一般可使用油糖搅拌法、油粉搅拌法或分步搅拌法。

1) 油糖搅拌法。将糖和油脂放在一起搅拌均匀,待体积膨胀、颜色发白后,再将其他的材料依次放入搅拌均匀。

2) 油粉搅拌法。先将油脂和低筋面粉一起搅拌,再将鸡蛋与糖一起搅打,最后将两者混合搅拌均匀。

3) 分步搅拌法。将鸡蛋和糖加热至 35~40 ℃,再用钢丝打蛋器快速打发,然后将油脂和低筋面粉搅打松散均匀,分三次加入蛋糖混合液搅拌均匀。

2. 生坯的成型

油脂蛋糕的成型一般采用挤制灌模和浇注灌模两种方法。

1) 挤制灌模法。将蛋糕糊装入裱花袋中,挤出纹路并烤制。在挤制的过程中,蛋糕糊被推入裱花嘴中,然后经过压缩,形成想要的图案和形状。

2) 浇注灌模法。将蛋糕糊直接放入模具内,用刮板刮平,再进行烘烤。

3. 蛋糕的成熟

（1）烘烤温度

油脂蛋糕的烘烤温度需要根据其蛋糕糊的配料决定。一般情况下，油脂蛋糕的烘烤温度为 170 ~ 190 ℃。

（2）烘烤时间

根据油脂蛋糕的大小来确定其所需烘烤时间，若烘烤时间不够，则蛋糕不易成熟且内部组织易发黏。若烘烤时间过长，则内部组织易干燥，表皮易发焦，影响口感。

一般情况下，油脂蛋糕的烘烤时间为 45 ~ 90 min。

（3）脱模时机

油脂蛋糕成熟后，应在还有余温时脱模，这样可以保持蛋糕的形状完整与色泽良好。

四、戚风蛋糕

戚风蛋糕是指在制作中把鸡蛋中的蛋白和蛋黄分开搅打、拌入空气，然后烘烤成熟的一种蛋糕。

1. 主要原料

低筋面粉、白砂糖、鸡蛋、油脂、牛奶。

2. 面糊的搅拌

（1）工艺方法

戚风蛋糕主要使用分蛋搅拌法。

分蛋搅拌法是指将蛋白和蛋黄分离，分别搅打成两个独立的混合物，然后再将它们混合在一起的方法。

这种方法可以在蛋糕烘烤时获得更好的膨松度和柔软度。

（2）操作步骤

1）鸡蛋分开，将蛋黄和蛋白分别放在两个不同的容器中。

2）搅打蛋白，直到出现不规则的大泡沫。可以加入少量白醋或柠檬汁，以促进蛋白的稳定性。

3）在蛋白中加入一部分白砂糖，继续打发至蛋白中性发泡并形成光泽（注意：将搅拌机搅头带蛋白糊竖起，蛋白糊顶端应呈钩状）。

4）在另一个容器中搅打蛋黄，打至呈浅黄色并且变得松软、细腻，可以加入白砂糖和其他调味料。

5）在蛋黄糊中加入过筛后的低筋面粉搅拌均匀。

6）在蛋黄面糊中，分三次加入蛋白糊，搅拌均匀。

注意事项

※ 放置蛋白的容器应注意无水、无油、无杂质，否则会影响蛋白的打发情况。

※ 在分离蛋白和蛋黄时，注意分离手法，不要将蛋黄划破。

※ 戚风蛋糕生坯的内部组织比较疏松，且含水量较高，需将戚风蛋糕生坯彻底烤透，否则，冷却后的水蒸气会渗入蛋糕底部，造成成品塌陷，影响外观。

※ 戚风蛋糕的烘烤温度一定要适宜，不要过高，如果温度过高，蛋糕表皮会过早开裂，形成外焦内生。

五、卷筒蛋糕

卷筒蛋糕是一种卷在一起、形似圆筒的西点蛋糕。

1. 制作步骤

可使用烘烤成熟的戚风蛋糕制作卷筒蛋糕,方法如下。
(1)戴好耐热手套,对烘烤成熟的戚风蛋糕进行切割。
(2)在干净的案台上,铺设一张油纸,并将切割好的戚风蛋糕放在油纸上面。
(3)在戚风蛋糕上涂抹适量的馅料,如奶油、果酱、巧克力等,在涂抹时注意从上到下、从左到右地抹平。
(4)借助擀面杖,从戚风蛋糕的一侧向前推动,使其随着油纸一起卷成卷筒形状,等待蛋糕冷却成型。
(5)取出定型的卷筒蛋糕,将其分切、装盘。

2. 分切方法

卷筒蛋糕在进行分切时,一般使用直刀切法、推拉切法、斜刀切法3种方法。

(1)直刀切法

将刀面垂直放置在要切的蛋糕上面,向下施力切断蛋糕。

(2)推拉切法

将刀面垂直放置在要切的蛋糕上面,在向下施力的同时前后推拉刀柄,反复数次切断蛋糕。

(3)斜刀切法

将刀面放置在要切的蛋糕上面,使刀面与水平面成45°角,用推拉的手法将蛋糕斜着切断。

注意事项

※ 采用直刀切法时，要将刀笔直向下切，同时注意着力点在蛋糕的中部，不要左右、前后推拉。
※ 采用推拉切法时，注意前后推拉的力度与角度应根据蛋糕质地而定。
※ 采用斜刀切法时，应注意用力均匀且一致。

六、裱花蛋糕

裱花蛋糕是指在蛋糕表面使用稀奶油、糖霜或其他装饰材料进行细致的花样装饰的一种蛋糕。通过使用裱花袋和各种不同形状的裱花嘴，可以挤出各种文字和图案。

1. 蛋糕坯分层

制作裱花蛋糕前，需按照制作要求，对蛋糕坯做分层处理。

（1）分层工具

蛋糕坯的分层工具一般有锯刀与蛋糕转盘。

（2）分层方法

蛋糕坯的分层方法主要有手工分层与机器分层。采用手工分层时，锯刀应保持水平状态，注意切的蛋糕片要做到薄厚均匀一致。机器分层常用于蛋糕的批量化生产。

2. 蛋糕夹层和抹面

（1）常用原料

对裱花蛋糕的夹层进行装饰时，通常会用到果粒、布丁等材料。

在对裱花蛋糕进行抹面时，常用稀奶油、巧克力酱、果酱等材料。

（2）常用工具

一般使用裱花嘴、裱花袋、裱花钉、裱花纸、剪刀、抹刀、刮板、搅板等工具。

（3）基本操作手法——抹

抹是指将调配好的抹料放置在蛋糕坯表面，对其铺平、抹匀，使其变平整、光滑的过程，具体操作步骤如下。

1）将分层后的蛋糕坯放置在蛋糕转盘上，用抹刀取适量稀奶油，左手转动蛋糕转盘的同时，右手用抹刀进行涂抹。注意要均匀涂抹。

2）将第二片蛋糕坯叠放在抹好的第一片蛋糕坯上，再取适量稀奶油涂抹其表面。

3）将第三片蛋糕坯放置在前两片蛋糕坯上，用抹刀刮去多余的稀奶油后，继续对第三片蛋糕坯进行抹面，直至形成平整的表面。

4）取适量稀奶油涂抹蛋糕坯的侧面，直至侧面平整光滑后，用抹刀抹去多余的稀奶油，再次对蛋糕坯表面进行修整，直至平滑。

注意事项

※ 使用抹刀时,要注意均匀用力,控制好抹刀刀面与蛋糕表面的角度,以保证抹面的均匀、平整、光滑。
※ 每一次抹面前,要保证抹刀上无残留物,以保证蛋糕表面的平整。
※ 抹面时,可左手转动蛋糕转盘,右手抹面,由左到右、由前向后进行抹面。
※ 抹面时,要确保每个蛋糕坯都被抹面,涂抹厚度约为1 cm。
※ 抹面后的蛋糕表面应光滑、平整、均匀。
※ 抹面后的蛋糕坯若不能及时裱制,应将其放入冰箱。

3. 蛋糕裱制

蛋糕裱制可分为单独造型的裱制与整体造型的裱制。

（1）单独造型的裱制

1）常用工具。一般多使用裱花嘴、裱花袋等裱制工具。

2）常用原料。一般多采用稀奶油、软质巧克力等作为裱制原料。

3）操作方法。将适量的裱制原料装入裱花袋中,使裱花嘴与蛋糕表面成45°角,用手挤压裱花袋,形成各种各样的花纹与图案。

注意事项

※ 裱制时,要注意手的力度、蛋糕转盘的转速、裱花嘴的移动速度、裱花嘴与蛋糕的角度。

(2）整体造型的裱制

1）整体造型的设计。蛋糕整体造型的裱制需要对其进行构思与构图，构思是指在确定蛋糕主题后，在表现形式、色彩搭配等方面花费心思。构图是指在构思的基础上，对蛋糕整体进行设计，包括图案、形状、大小等。

2）整体造型的要求。蛋糕整体造型的裱制应注意主题鲜明、色彩协调、特色明显、尊重不同风俗与习惯，同时不能忽略食用价值与营养价值。

注意事项

※ 裱制蛋糕时，一定要根据蛋糕特色进行色彩装饰，并注意裱制装饰的布局。
※ 裱花蛋糕常用的图案和造型有对称图案、疏密平衡图案、拼摆立体造型等。

学习单元二　蛋糕制作实例

一、法国黄油蛋糕

烘烤　　　　　　甜味　　　　　　1.5 h

配方原料

低筋面粉	150 g	黄油	150 g
细砂糖	150 g	全蛋液	150 g
香草籽	5 g	泡打粉	5 g

操作步骤

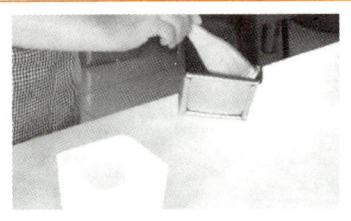

步骤 1
在蛋糕模具的表面用刷子刷一层黄油。

步骤 2
在蛋糕模具的表面涂上一层薄薄的低筋面粉。

步骤 3
使用搅拌机的桨状搅头将黄油与细砂糖打发。

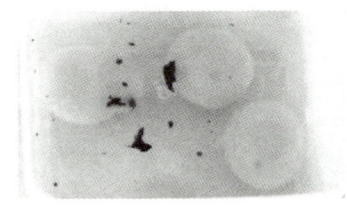

步骤 4
将香草籽倒入全蛋液中,搅拌均匀。

步骤 5
将搅拌后的全蛋液少量多次地倒入搅拌机内,继续搅拌,直至混合均匀,颜色变白。

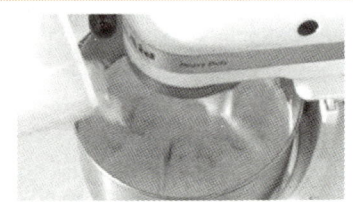

步骤 6
把搅拌机调至最慢速,将过筛后的低筋面粉与泡打粉倒入搅拌机内,继续搅拌均匀即可。

操作步骤	
	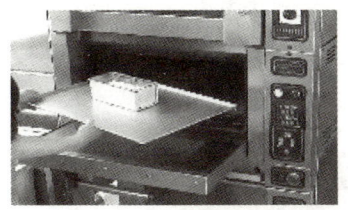
步骤 7	步骤 8
将搅拌后的面糊倒入蛋糕模具中，并整理平整，模具以装满七成为宜。	将蛋糕模具放入已经预热至上下均为 160 ℃ 的烤箱中，烤约 1 h，烤至成熟，表面呈金黄色。

扫码看视频

法国黄油蛋糕

二、德国黑啤酒蛋糕

西·式·面·点·制·作

烘烤

甜味

1.5 h

配方原料

黄油	200 g	啤酒	160 mL
红糖	160 g	全蛋液	100 g
低筋面粉	240 g	核桃仁	120 g
葡萄干	120 g	泡打粉	2 g

操作步骤

步骤 1

将低筋面粉、泡打粉混合均匀备用。用桨状搅头将黄油与红糖搅拌均匀。

步骤 2

将全蛋液分次放入搅拌机,继续打发,直至搅拌均匀,颜色变浅。

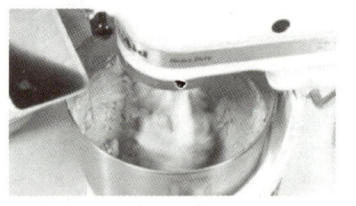

步骤 3

将混合后的低筋面粉与啤酒交替加入搅拌机内,将搅拌机调至最慢速,继续搅拌。

步骤 4

将整理好的核桃仁与葡萄干倒入搅拌机中,搅拌均匀。

操作步骤	

步骤 5	步骤 6
将搅拌好的面糊分为每个 70 g 装入蛋糕模具中，并用餐勺整理平整。	将蛋糕模具放入已经预热至 170 ℃ 的烤箱内，烤约 1 h，蛋糕烘烤成熟。

扫码看视频　　德国黑啤酒蛋糕

三、香蕉蛋糕

西·式·面·点·制·作

烘烤

甜味

1.5 h

配方原料

低筋面粉	100 g	细砂糖	150 g
香蕉泥	200 g	香蕉块	80 g
柠檬皮末	适量	泡打粉	2 g
杏仁粉	100 g	蜂蜜	20 g
鸡蛋	4 个		

操作步骤

步骤 1
将低筋面粉、泡打粉、杏仁粉混合搅拌。

步骤 2
将蛋黄与细砂糖依次放入搅拌机内，并搅打至颜色变白。

步骤 3
依次加入香蕉泥、蜂蜜、柠檬皮末继续搅打。

步骤 4
将蛋白与细砂糖使用搅拌机打至干性发泡。

操作步骤	

步骤 5	步骤 6
将蛋黄混合物与蛋白混合物混合在一起,再加入面粉混合物与香蕉块,搅拌均匀。	将面糊倒入菊花蛋糕模具中,用抹刀抹平表面,整理成型后,放入预热至 160 ℃ 烤箱内烘烤 40 min 即可。

扫码看视频

香蕉蛋糕

四、烤乳酪蛋糕

烘烤

甜味

2 h

配方原料

原料	用量	原料	用量
奶油奶酪	600 g	黄油	110 g
红糖	30 g	坚果仁碎	250 g
玉米淀粉	20 g	全蛋液	100 g
牛奶	130 g	稀奶油	600 g
酸奶油	80 g	柠檬汁	10 g
低筋面粉	110 g	白砂糖	150 g
巧克力酱	适量		

操作步骤

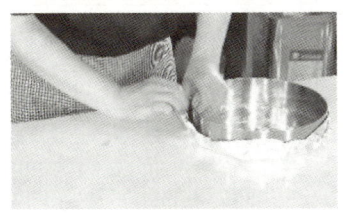

步骤 1
将蛋糕模具用锡纸包裹好,整理成型。

步骤 2
将低筋面粉、黄油、红糖、坚果仁碎混合搅拌均匀。

步骤 3
将混合好的面团平铺在模具底部,注意铺满、压实。

步骤 4
将奶油奶酪用隔水加热的方法化软后,分次加入白砂糖,搅拌均匀。

步骤 5
在奶油奶酪中,分次放入全蛋液,搅拌均匀。

步骤 6
分次加入稀奶油,搅拌均匀。

操作步骤

步骤 7
分次加入酸奶油,搅拌均匀。

步骤 8
分次加入牛奶,搅拌均匀。

步骤 9
分次加入玉米淀粉与柠檬汁,搅拌均匀。

步骤 10
将混合好的原料倒入已经准备好的蛋糕模具中,并整理平整。

步骤 11
在蛋糕表面用装有巧克力酱的裱花袋裱制。

步骤 12
用竹签划出大理石样的花纹后,放入预热至 160 ℃ 的烤箱内隔水加热约 1 h 至烘烤成熟。

模块七 | 蛋糕制作

扫码看视频

烤乳酪蛋糕

五、水果蛋糕

甜味

1 h

配方原料

清蛋糕坯	1个	酒糖水	150 g
稀奶油	180 g	黄桃果丁	适量
猕猴桃片	适量	杏仁片	适量
亮面果胶	50 g		

操作步骤

步骤 1
在蛋糕转盘上将清蛋糕坯分成薄厚均匀的两片。

步骤 2
用刷子在每一片蛋糕上刷上酒糖水。

步骤 3
在第一片蛋糕的表面用抹刀抹一层稀奶油。

步骤 4
在稀奶油表面均匀铺上一层黄桃果丁。

步骤 5
在黄桃果丁的上方再抹一层稀奶油。

步骤 6
在稀奶油的上方盖上另一片蛋糕,对齐放平。

操作步骤

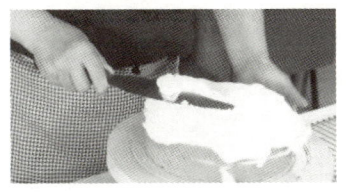

步骤 7

在蛋糕上用抹刀涂抹稀奶油,先抹上面,再抹侧面,稀奶油层的厚度保持在 2~3 mm。

步骤 8

在蛋糕的侧面粘上烤熟的杏仁片,表面摆放猕猴桃片,并用刷子刷上亮面果胶。

扫码看视频

水果蛋糕

模块 八
清酥类点心制作

学习单元一　清酥类点心制作工艺

一、清酥类点心概述

清酥类点心又称帕夫点心、起酥点心等，以其独特的酥层结构，在西式面点中占有重要地位。清酥类点心酥、松、脆的特征源于清酥面团的特殊结构。

二、面团的调制

1. 清酥面团的主要原料

清酥面团的主要原料有面粉、油脂、水、食盐等，它们在面团的调制过程中发挥着不同的作用。具体内容见表 8-1。

表 8-1　清酥面团的主要原料

原料	说明
面粉	具有较高的水合能力，吸水后形成的面筋在烘烤时能产生足够的水蒸气，有利于分层
油脂	适量的油脂可以改善面团的操作性能，使成品具有酥脆的口感
水	用于调节冷水面团的弹性、可塑性及软硬程度。在调制冷水面团时，水的用量通常是面粉用量的 50%～55%，且必须使用冷水

续表

原料	说明
食盐	可以丰富成品的口味。通常调制冷水面团时,食盐的用量是面粉用量的1.5%

2. 清酥面团调制的工艺方法

清酥面团调制共分三个步骤,即冷水面团的调制、油面团的调制和清酥面团制作。

(1)冷水面团的调制

配方原料

高筋面粉	500 g	黄油	30 g
食盐	7.5 g	糖	适量
冷水	260 g		

操作步骤

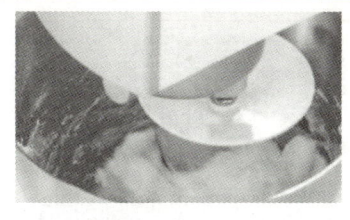

步骤1

将食盐和糖放入水中溶化后,倒入搅拌机中,加入高筋面粉和黄油,装好螺旋式搅头,用慢速搅拌成面团。

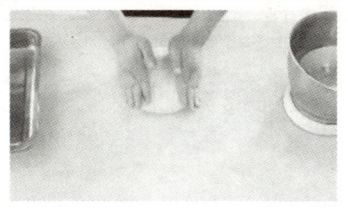

步骤2

将面团从搅拌机中取出,放置于案台,用手稍揉至表面光滑。

操作步骤

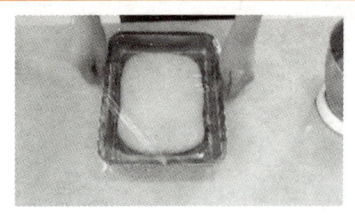	
步骤 3	步骤 4
将面团整理成厚 3 cm 的长方形,放在撒有高筋面粉的不锈钢盘内,封上保鲜膜。	将整理好的面团放入冰箱冷藏 20 min 以上,让面团充分松弛。

(2)油面团的调制

配方原料			
低筋面粉	100 g	黄油	50 g

操作步骤	
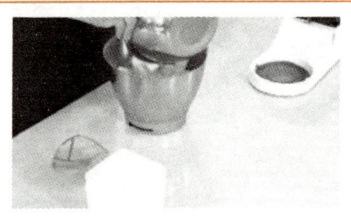	
步骤 1	步骤 2
将冷藏黄油切成小块,与低筋面粉一起放入搅拌机内。	用桨状搅头中速搅拌均匀至无黄油颗粒。

操作步骤

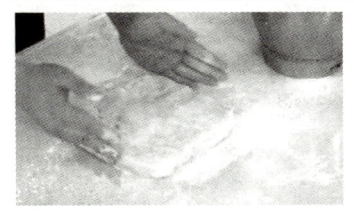

步骤 3

将面团取出后,整理成厚 3 cm 的长方形,长方形尺寸与冷水面团一致。

步骤 4

放在撒有低筋面粉的不锈钢盘内,封上保鲜膜,放入冰箱冷藏 20 min 以上至油脂凝固。

(3)清酥面团制作

配方原料

冷水面团	适量	油面团	适量
高筋面粉	少许		

操作步骤

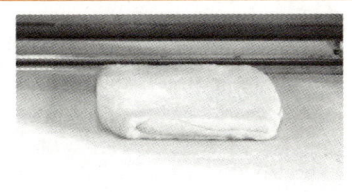

步骤 1

在案台上撒一薄层高筋面粉。将两种面团取出后,先将冷水面团用压面机压长,再将油面团压至长度为冷水面团的二分之一,宽度与冷水面团一致。

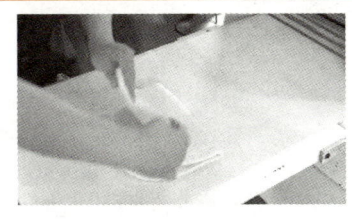

步骤 2

先将油面团压在冷水面团中间,再将两侧多出的冷水面团完全折到油面团上,最后将两层面团从中间对折整齐。

操作步骤

步骤 3
将叠好的面团放入冰箱冷藏 30 min 以上。

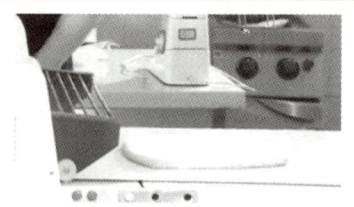

步骤 4
从冰箱中取出面团,沿着两边开口方向用压面机压长。

步骤 5
先将压好的面团从两端向中间对折,然后再对折一次成四层,最后放入冰箱冷藏 30 min。

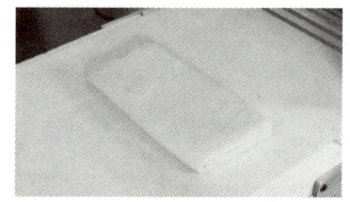

步骤 6
按上述方法,分别再完成一次三折叠和四折叠。每次折叠后均需冷藏 30 min,最后将折叠好的面团冷藏 2 h 后,即可作为清酥面团使用。

注意事项

※ 制作冷水面团的面粉应用高筋面粉,低筋面粉不易使面团产生筋力,导致成品层次不清,起发不大。

※ 宜采用熔点较高的油脂。熔点低的油脂在折叠面团时容易软化,影响成品起酥效果。

※ 面粉与油脂要充分混合,不能有油脂块或干面粉。

> ※ 包入的油面团应与冷水面团软硬一致，油面团过软或过硬，都会出现油脂分布不均匀或跑油现象，降低成品质量。
> ※ 压制面团时，注意压面机刻度不可一次调得过大，避免压制面团时挤出油脂。压制面团厚薄要均匀。
> ※ 每次折叠时，干面粉的使用量不可过多。

三、生坯的成型

1. 工艺方法

将折叠冷却完毕的面团放在案台上擀薄擀平，或用压面机压薄压平，面团的厚度应按产品的种类不同而有所区别，一般为 0.2～0.5 cm，然后将面团切割成型，或运用卷、包、码、捏、借助模具等成型方法制成所需产品的形状。

2. 质量标准

（1）均匀性

均匀一致，没有大块的油脂或未混合均匀的成分。

（2）光滑性

表面光滑，没有裂缝或松散的部分。

（3）尺寸一致性

成型后的面团应该尽可能保持相似的尺寸和质量，确保烘焙时点心熟透度一致。

（4）无气泡

成型后的面团应没有气泡或空洞，确保点心在烘焙过程中不会出现过度膨胀或不均匀的问题。

（5）不粘手

成型时，面团应不粘手。如果面团太黏稠，可以适量添加一些面粉，避免给成型带来困扰。

注意事项

※ 用于成型工艺的清酥面团不可冻得太硬，如过硬，应放在室温下使其恢复到适宜的软硬程度。
※ 成型后的面团厚薄要一致，否则制出的产品形状不完整。
※ 成型操作要迅速，面团在案台上放置时间不宜太长，防止面团变软，增加成型的困难，影响产品的膨大和形状的完整。
※ 用于成型切割的刀应锋利，切割后的面团应整齐、平滑、间隔分明。

四、点心的成熟

1. 工艺方法

清酥制品大多应用烘烤的方法成熟，有的制品根据需要也可用炸的方法成熟。

一般方法是将成型后的半成品放在烤盘中，放入已提前预热的烤箱中，使制品成熟，其烘烤温度和时间根据制品要求而定。烤箱的温度一般为 220 ℃。

对于体积较小的清酥制品，烤箱温度宜稍高些，同时烤箱内最好有蒸汽设备，可防止制品表面过早成型，增加制品膨胀度。

对于体积较大的清酥制品，烘烤时温度不需过高，若温度太高，制品表面已上色、成熟，不能再继续膨胀，但制品内部还未膨胀到最大体积，从而影响了制品的酥松度。

> **小贴士**
>
> ※ 在实际操作过程中，为防止制品表面色泽过深而制品未熟，可以在制品表面已上色，而制品内部还未成熟时盖一张牛皮纸或油纸，以便保持制品在烤箱内均匀膨胀。

2. 质量标准

（1）制品内外熟透，颜色正常。
（2）制品外观整齐，不歪不斜。
（3）制品的卫生状况良好，无杂质。
（4）制品口味符合质量标准。

> **注意事项**
>
> ※ 确认清酥制品已从内到外完全成熟后，才可将制品拿出烤箱。以免制品出烤箱后快速收缩，内部形成胶质，严重影响制品质量。
> ※ 在烘烤过程中，避免频繁打开烤箱门，尤其是在清酥制品受热膨胀阶段，如果烤箱门打开，造成蒸汽逸出烤箱，正在胀大的制品会不再膨胀，使制品体积缩小。

学习单元二　清酥类点心制作实例

一、葡式蛋挞

配方原料

清酥面团	300 g	低筋面粉	15 g
细砂糖	80 g	稀奶油	180 g
牛奶	140 g	蛋黄	4 个

操作步骤

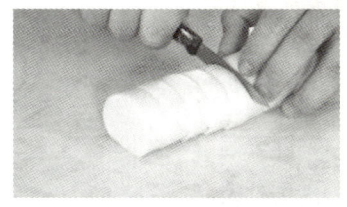

步骤 1

将清酥面团压成 3 mm 厚的薄片,将压好的薄片从一端卷起呈卷状。横向切成 50 g 一个的面团。

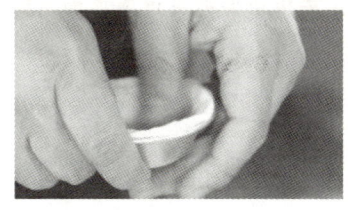

步骤 2

将切好的面团放入蛋挞模具中,用手按压将面团压成蛋挞模具大小,制成蛋挞壳备用。

步骤 3

将蛋黄和低筋面粉混合均匀。

步骤 4

将稀奶油、牛奶和细砂糖上锅煮开。关火后趁热边搅拌边慢慢倒入事前混合好的蛋黄和低筋面粉中,搅拌待完全混合后,蛋挞液制作完成。

步骤 5

将蛋挞液注入蛋挞壳中,注入八成满即可。

步骤 6

放入已预热到上下均为 210 ℃ 的烤箱中,烤 20 min 左右至蛋挞表面呈金黄色即可。

> **小贴士**
> ※ 若想让蛋挞液口感更加细腻,可将蛋挞液过筛。

扫码看视频

葡式蛋挞

二、清酥水果派

配方原料

清酥面团	200 g	全蛋液	50 g
奶油馅	100 g	各类水果	适量

操作步骤

步骤 1

将清酥面团用压面机压成 3 mm 厚的薄片,用打孔器在薄片上打孔。

步骤 2

用小刀将薄片裁成一个 6 cm×20 cm 的长方形,两个 1 cm×20 cm 的长方形。

步骤 3

先在 6 cm×20 cm 的长方形上刷满全蛋液,再将两个 1 cm×20 cm 的长方形分别黏合在 6 cm×20 cm 的长方形边缘。最后将表面均匀刷满全蛋液。

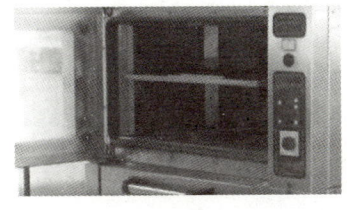

步骤 4

将刷好全蛋液的清酥水果派皮放在不粘烤盘上,放入已预热到上下均为 190 ℃ 的烤箱中。烤 15 min 至金黄色即可。

操作步骤	
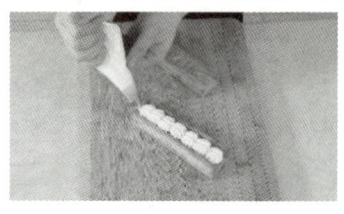	
步骤 5	步骤 6
将烤好的清酥水果派皮从烤箱中取出冷却，用裱花袋和裱花嘴将调制好的奶油馅挤在清酥水果派皮中。	根据需要将各类水果整齐摆放至奶油馅上。

扫码看视频

清酥水果派

模块 九
泡芙制作

学习单元一　泡芙制作工艺

一、泡芙概述

泡芙制品主要有两类。一类是圆形的,中文称为奶油气鼓,此类制品可根据需要组合成象形的制品,如天鹅形状、车轮形状等。另一类是条形的,中文称为气鼓条。两类泡芙所用的泡芙面糊是完全相同的,只是在成型时所用的裱花嘴及手法有差异从而产生了形状的变化。泡芙具有外表松脆、色泽金黄、形状美观、食用方便、味道可口等特点。

二、面糊的调制

1. 一般用料

（1）油脂

油脂是泡芙面糊中所必需的原料,具有起酥性和柔软性,能使烘烤后的泡芙外表松脆。

（2）面粉

面粉是泡芙面糊中的干性原料,面粉中的淀粉可以在水的温度作用下膨胀、破裂,产生黏性,形成泡芙的骨架。

（3）水

水也是泡芙面糊中所必需的原料，泡芙烘烤过程中，在温度的作用下，水分的蒸发使泡芙体积膨大。

（4）鸡蛋

鸡蛋中的蛋白是胶体，能增强面糊在气体膨胀时的承受力。鸡蛋中的蛋黄具有乳化性，能使制品变得柔软、光滑。

2. 工艺方法

（1）烫面

将水、黄油、食盐、糖等原料放入容器中，上火煮开，待黄油完全熔化后倒入过筛的面粉，用勺子快速搅拌，直至面糊烫熟、烫透后，撤离火位。

（2）搅糊

待面糊晾凉，将鸡蛋分次加入烫好的面糊内，直至达到所需要求。

> **小贴士**
>
> ※ 用搅板提起面糊时，若面糊能够均匀、缓慢流下，呈倒三角、薄片状，说明达到质量要求。若面糊太稀，会出现成品塌陷等问题；若面糊太稠，会出现成品体积小等问题。

3. 操作示例

配方原料

低筋面粉	90 g	黄油	73 g
糖	3 g	鸡蛋	162 g
食盐	2 g	奶粉	8 g
水	162 g		

操作步骤

步骤 1

先将水、食盐、糖、奶粉、黄油等原料倒入锅中，再开火加热，同时用搅板搅拌，至沸腾后关火。

步骤 2

倒入低筋面粉，快速搅拌，直至面糊烫熟、烫透，且均匀无颗粒。

步骤 3

将烫熟的面糊放入不锈钢盆中，摊开降温至 60 ℃，然后将鸡蛋逐个加入面糊中，每次加入鸡蛋后，均应全部与面糊搅拌均匀，形成均匀的泡芙面糊。

注意事项

※ 调制面糊时，要注意使面粉完全烫熟、烫透，防止煳锅底。
※ 面粉必须过筛，使面粉中没有干面粉疙瘩。
※ 烫面时，要充分搅拌均匀，不能有干面粉疙瘩。
※ 要待面糊降温至60 ℃后再放入鸡蛋，而且每次加入鸡蛋必须搅拌均匀后，再加入下一个鸡蛋。

三、生坯的成型

泡芙面糊调制后，即可进入成型阶段。泡芙生坯成型的好坏直接影响成品的形态、大小及质量，泡芙生坯成型的工艺过程如下。

（1）准备干净的烤盘并在烤盘上刷上一层植物油。
（2）将调制好的泡芙面糊装入配好裱花嘴的裱花袋中。
（3）根据成品设计要求，在烤盘上裱挤出漂亮的泡芙生坯，如圆形、水滴形、条形、S形等多种形状。

注意事项

※ 制作泡芙生坯时应保证大小均匀、形状一致。
※ 在烤盘上刷油时应适量。若刷油过多，烤盘表面太滑会导致成型困难；若刷油过少，成品成熟后会与烤盘粘连，影响成品的完整性。
※ 在烤盘上裱挤时，应在各泡芙生坯之间留有一定距离，以防止烘烤结束后成品体积变大粘在一起。

四、生坯的成熟

泡芙生坯的成熟方法有两种,一种是烘烤成熟,另一种是油炸成熟。

1. 烘烤成熟

泡芙生坯成型后即可放入烤箱进行烘烤。烘烤泡芙生坯的温度为上火220 ℃、下火220 ℃,根据泡芙生坯用料、体积、形状等的不同,泡芙生坯的烘烤时间一般为25～40 min。当泡芙生坯表面呈金黄色、体积膨胀、整体基本定型后,将上火温度调至200 ℃左右,继续烘烤至泡芙生坯完全成熟。

注意事项

※ 烘烤前期,应避免打开烤箱门查看情况,以防止温度过低,泡芙表皮过早干硬,影响泡芙的体积膨胀。
※ 烘烤后期,泡芙已经膨胀到最大限度,此时应打开烤箱门,使内部温度降低,水蒸气散出,使泡芙表皮酥脆。

2. 油炸成熟

油炸成熟的一般方法是,将调好的泡芙面糊用餐勺或裱花袋加工成圆形或条形,放入五六成热的油锅里,慢慢炸制,待制品炸成金黄色后捞出,沥干油分,趁热撒上或蘸上所需调味料、装饰料。

模块九 | 泡芙制作

> **注意事项**
>
> ※ 油炸泡芙生坯过程中,应控制好油温和炸制时间,一般根据泡芙生坯的成熟程度和颜色来进行控制。

五、夹馅与装饰

1. 泡芙的夹馅

(1) 稀奶油馅料

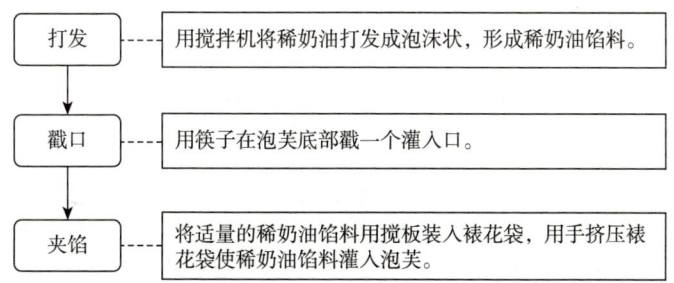

(2) 果酱馅料

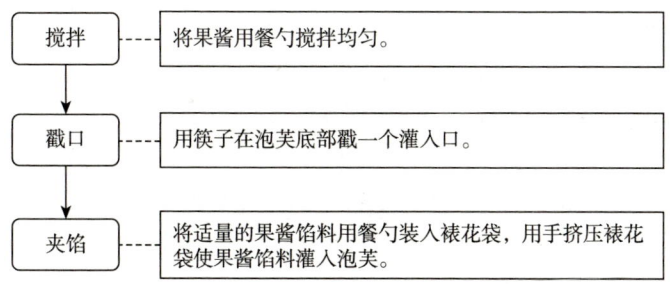

2. 泡芙的装饰

（1）巧克力调温

巧克力调温有双煮法和微波炉法两种。

1）双煮法

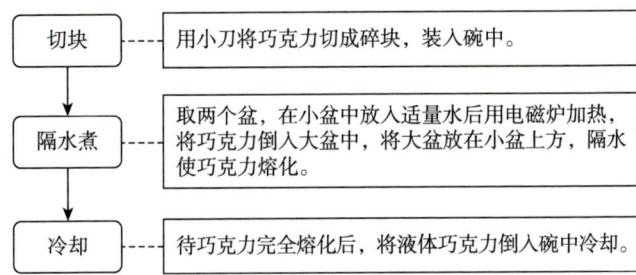

2）微波炉法

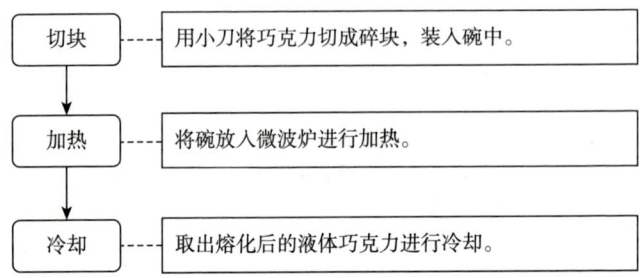

> **小贴士**
>
> ※ 将巧克力放入微波炉加热时，一般加热一段时间后取出，用搅拌棒搅拌一会儿再继续加热，直至巧克力完全熔化。

（2）巧克力装饰件的制作

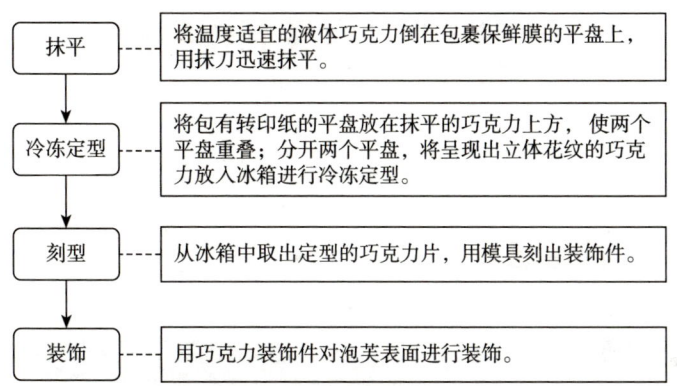

注意事项

※ 使用巧克力进行装饰时要控制好使用温度，一般控制在 29～30℃。
※ 需要在泡芙表面粘巧克力装饰件时，必须先等泡芙完全冷却才能操作。
※ 使用巧克力等装饰泡芙时，它们不能大于泡芙本身，以免喧宾夺主。

学习单元二　泡芙制作实例

一、柠檬泡芙

配方原料

长形泡芙	适量	黄油	150 g
鸡蛋	106 g	明胶片	5 g
糖	100 g	柠檬皮	10 g
柠檬汁	75 g		

操作步骤

步骤 1

将鸡蛋和糖混合,用打蛋器搅拌均匀。

步骤 2

将柠檬汁与柠檬皮一起煮到 85 ℃,再将其加入糖和鸡蛋的混合物中,搅拌均匀。

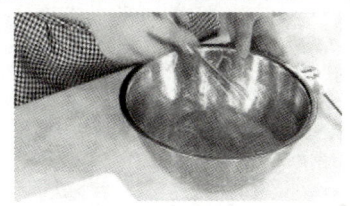

步骤 3

降温至 60 ℃ 时加入泡软的明胶片。继续搅拌降温至 45 ℃。

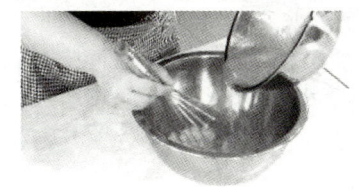

步骤 4

在熔化成膏状的黄油中,加入前面制作好的混合物搅拌均匀,放入冰箱冷藏即可。

步骤 5

在长形泡芙底部扎两到三个圆孔。

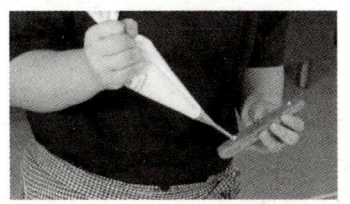

步骤 6

将馅料装入裱花袋中,从扎好的圆孔处挤入。

扫码看视频

柠檬泡芙

二、榛子泡芙

配方原料

圆形泡芙	适量	稀奶油馅料	333 g
榛子酱	84 g	糖粉	适量

操作步骤

步骤 1
称量制作好的稀奶油馅料 333 g，量取其四分之一质量的榛子酱（约 84 g），将二者混合均匀即可。

步骤 2
将圆形泡芙横向切成两半。

步骤 3
将馅料装入裱花袋中，挤入切成一半的泡芙中。

步骤 4
再盖上另一半，在泡芙上撒上糖粉。

扫码看视频

榛子泡芙

模块十 甜品制作

学习单元一　甜品制作工艺

一、果冻

1. 果冻概述

果冻是指使用果汁、糖水、果浆、果泥、明胶等材料制作而成的甜品,可使用不同的模具制作不同风格、不同形态的果冻。它酸甜适度、凉爽可口、细腻光滑、入口即化,是一种深受消费者喜爱的甜品。

常见的果冻主要有水果果冻、果汁果冻、甜酒果冻、椰奶果冻、西米露果冻等。

2. 果冻液的调制

（1）一般用料

果冻的一般用料是果汁、增稠剂、水、糖、香精、食用色素等,其中增稠剂经常用到明胶、琼脂、果胶等。

1）明胶。明胶是制作果冻常用的增稠剂,使用时需要将明胶先用冷水浸泡片刻,不可用热水,泡软后方可使用。

2）琼脂。琼脂是一种透明、坚硬、易碎的凝胶物质,不溶于冷水,易溶于沸水,缓溶于热水。

3）果胶。果胶是植物中的一种酸性多糖,多为白色或淡黄色粉末，使用时可将其溶化在热水中，避免沉淀、结块，一般储存于阴凉处。

（2）调制方法

果冻液的调制通常需要先浸泡增稠剂，将其软化或溶化，再加入其他原料。

注意事项

※ 使用增稠剂时一定要将其彻底软化或溶化，避免出现结块。
※ 正确掌握增稠剂的用量，用量过少，则不易成型；用量过多，则影响最终成品的口感和质量。
※ 使用新鲜水果或果汁时，需避免长时间高温熬煮，避免变色。
※ 果冻液所用的水果丁需沥干水分，确保成品品质。

3. 果冻的成型

（1）成型方法

1）模具成型。这是最常见的果冻成型方法。首先将果冻液倒入所需的模具中，静置冷却或冷藏在冰箱里，使其凝固。

2）切块成型。这种成型方法适用于大块的果冻，制作时将果冻液倒入长盘中，待其冷却凝固后，用刀具将凝固的果冻切成所需的大小和形状。

（2）影响因素

果冻的成型主要在低温环境下进行，其成型主要受到增稠剂用量、温度、酸度、时间等因素影响，具体说明见表10-1。

表 10-1　影响果冻成型的因素

影响因素	说明
增稠剂用量	增稠剂可以增加果冻的稠度和弹性，用量的多与少会影响成型所需时间。增稠剂用量越多，成型所需时间越短；增稠剂用量越少，成型所需时间越长
温度	果冻成型所需温度一般为 0～4 ℃。通常情况下，温度越低，成型所需时间越短；温度越高，成型所需时间越长
温度	不宜将果冻液放入温度低于 0 ℃的冰箱冷冻室内，以免影响成品口感
酸度	果汁、醋或其他酸性成分会影响果冻的成型，加入过多的酸性成分会导致果冻成型难度增加
时间	冷却和凝固的时间要充分，时间不够可能会导致果冻未完全凝固，成型不佳
时间	一般情况下，冷藏时间为 3～5 h

为保证果冻的成型，应注意以下内容。

注意事项

※ 使用新鲜水果时，尽量少使用酸性较强的水果。酸性较强的水果容易破坏果冻内部的凝聚力，降低果冻弹性。
※ 使用模具时，需保证模具干净、卫生。
※ 将果冻液倒入模具时，需避免产生泡沫，否则冷却成型后会影响成品的外观。
※ 在果冻液放入冰箱前，需在模具上包裹一层保鲜膜，防止果冻与其他食品串味，影响果冻品质。

4. 果冻的装饰

（1）脱模技巧

对果冻进行脱模时应确保成品的完整性，可使用温水对模具底部以及四周稍微加热一下，以便脱模。也可在一开始就使用一次性果冻杯，无需脱模。

（2）装饰方法

果冻的装饰需要根据需求进行，一般选用水果、巧克力装饰件、干果、稀奶油等材料对其进行装饰。

注意事项

※ 在用水果进行装饰时，通常以新鲜水果为主。同时，水果的摆放要有序、有型，切忌随意堆放。要选择自然成熟、酸甜适中的水果，避免影响口感。

※ 装饰品的颜色要配合果冻的颜色，确保装饰后果冻整体颜色的协调性。

二、乳冻

1. 乳冻概述

乳冻是一种含有丰富乳质、脂肪和蛋白质的甜点，具有外形美观、质地细腻、口感香甜的特点。

2. 乳冻液的调制

（1）一般用料

调制乳冻液的一般用料有稀奶油、牛奶、蛋黄、蛋白、白砂糖、明胶、巧克力等，也可在制作过程中根据乳冻品种与口味要求加入其他原料，如果汁、调味剂等，以丰富成品的口味和花色。

以牛奶乳冻液为例，其配料有牛奶 200 g、稀奶油 150 g、白砂糖 22 g、冷水 34 g、明胶 16 g。

（2）调制方法

以牛奶乳冻液的调制为例，其操作步骤如下。

1）检查电子秤的功能是否正常，按照要求分别称取所需原料。

2）用冷水浸泡明胶，使明胶软化。

3）将牛奶与白砂糖倒入锅中加热，加热过程中不断搅拌，待混合液煮沸后停止加热，冷却待用。

4）使用搅拌机将稀奶油打发。

5）使用餐勺将打发后的稀奶油少量多次地加入冷却后的混合液中，并搅拌均匀。

6）在混合液中倒入泡软的明胶，搅拌均匀，牛奶乳冻液即调制完成。

注意事项

※ 由于明胶的使用量较少，因此在选择电子秤时，可选用精确度为 1 g 的电子秤。

※ 需要用冷水或者冰水充分浸泡明胶，以保证其软化。

※ 加热后的混合液必须冷却到适当温度才能与打发好的稀奶油混合，否则会出现分离现象。

3. 乳冻的成型

（1）成型方法

乳冻的成型方法主要有以下两种。

1）模具直接成型法。这种方法主要是指将乳冻液倒入模具中，使其冷却成型。

2）压刻、切割成型法。这种方法是指先将乳冻液倒入长盘中冷却成型，再用模具压刻出或用刀切割出所需的形状和大小。

（2）影响因素

乳冻成型主要受冷却温度、冷却时间、明胶使用量以及成品体积等因素的影响，具体说明见表10-2。

表10-2　乳冻成型的影响因素

影响因素	说明
冷却温度	需在冰箱冷藏室内使乳冻冷却成型，否则不易成型
冷却时间	冷却时间一般为3~6h，冷却时间不够会影响成型
明胶使用量	明胶使用量越大，所需的冷却时间越短，但明胶使用要适量，否则会影响成品的口味与质感
成品体积	成品体积越大、越厚，所需的冷却时间越长

为保证乳冻的成型，应注意以下内容。

注意事项

※ 在乳冻液调制后，需及时进行成型操作，以免乳冻液提前凝固影响成型效果。

※ 倒入模具中的乳冻液要适量，将乳冻液倒入模具后，不能再搅拌乳冻液，以免影响成型效果。

※ 在放入冰箱冷藏室之前，应将装有乳冻液的模具使用保鲜膜包裹好，避免与其他食品串味。
※ 对成型后的乳冻进行脱模时，应尽量保持其完整性。

4. 乳冻的装饰

（1）巧克力装饰

将巧克力熔化后，抹到油纸或平整的硬塑料纸上，待巧克力凝固，用刀切割成不同形状或大小的巧克力装饰件。也可以将熔化后的巧克力装入模具中冷却，制成各种形状的巧克力装饰件。

将巧克力装饰件粘在或插在乳冻表面。

注意事项

※ 切忌使用热餐具盛放乳冻，避免乳冻受热熔化，影响成品质量。
※ 巧克力装饰件的色彩要与乳冻色彩相互搭配，且巧克力装饰件不宜过多。
※ 巧克力装饰件的造型要与乳冻整体造型相互配合，不宜过于夸张，避免喧宾夺主。

（2）奶油装饰

用搅拌机充分搅打稀奶油，将搅打后的稀奶油装入裱花袋中，结合乳冻的整体造型，用裱花袋在乳冻上裱挤装饰花纹。

注意事项

※ 掌握好搅打稀奶油的速度,开始时使用慢速搅打,当稀奶油出现稠度后,再使用快速搅打。
※ 搅打时间不宜过长,以防将稀奶油打散,导致不成型。
※ 裱挤的稀奶油造型要与乳冻的造型匹配,不宜裱挤过多,避免影响整体观感。

三、慕斯

1. 慕斯概述

慕斯是一种西式甜品,奶油含量很高,口感软滑、细腻,主要有水果慕斯、巧克力慕斯等。

2. 慕斯糊的调制

(1) 一般用料

慕斯种类多,用料各不相同,常用的有稀奶油、蛋黄、糖、果肉、调味酒、明胶、巧克力等。

(2) 调制方法

各种慕斯糊的调制方法不同,很难用一种方法概括。一般的规律是,把明胶用冷水泡软,打发稀奶油,将蛋黄与糖混合均匀。若有果肉,将果肉打碎,若有巧克力,将巧克力熔化,与其他用料混合搅拌均匀即可。

3. 慕斯的成型

（1）模具成型法

将慕斯糊装入各式各样的模具，整型后放入冰箱冷冻数小时后取出。

（2）食品包装法

用其他食品制成各式各样的容器，将慕斯糊装入，然后配以果汁或果肉。此方法大多将巧克力、蛋糕等制成各式容器，成型后的慕斯具有较强的美感和艺术性。

小贴士

※ 采用模具成型法时，为提高成品的稳定性，调制慕斯糊时可多加一些明胶，但不可过多，否则慕斯会产生韧性，失去原有的风味。

学习单元二　甜品制作实例

一、巧克力慕斯

配方原料

蛋黄	60 g	白砂糖	120 g
稀奶油	360 g	巧克力	200 g
牛奶	190 g	明胶	14 g
水	75 g	可可粉	30 g
蛋糕	适量		

操作步骤

步骤 1
将巧克力隔水熔化。

步骤 2
将明胶放入冷水中浸泡至柔软。

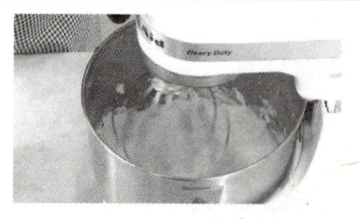

步骤 3
将 300 g 稀奶油打发。

步骤 4
将蛋黄、30 g 白砂糖、牛奶倒入锅中，上火加热并不断搅拌，直至温度达到 82 ℃。

步骤 5
将 10 g 泡软的明胶加入加热后的牛奶混合物中，搅拌均匀。

步骤 6
将搅拌均匀的混合物过筛。过筛可以使成品的口感更加细腻。

操作步骤

步骤 7
过筛后,加入熔化好的巧克力。

步骤 8
加入打发好的稀奶油,搅拌均匀。

步骤 9
将调好的慕斯糊倒入裱花袋。

步骤 10
将慕斯糊挤入模具,深度约为模具深度的一半。

步骤 11
将蛋糕切成模具大小的薄片。在模具中放一片蛋糕,再挤一层慕斯糊,再放一片蛋糕。

步骤 12
将慕斯放入冰箱,冷冻成型。

操作步骤

步骤 13
将水、90 g 白砂糖、60 g 稀奶油放入锅中煮沸。

步骤 14
加入可可粉后再煮 5 min。

步骤 15
加入 4 g 泡软的明胶，搅拌均匀。

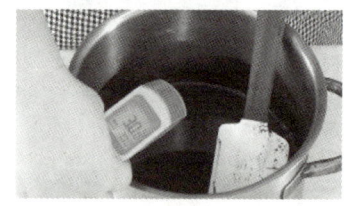

步骤 16
关火，待巧克力酱的温度降至 30 ℃。

步骤 17
将成型后的慕斯脱模，将巧克力酱淋到慕斯上。

步骤 18
装盘，装饰巧克力插片。

模块十 | 甜品制作

扫码看视频　　　巧克力慕斯

二、芒果慕斯

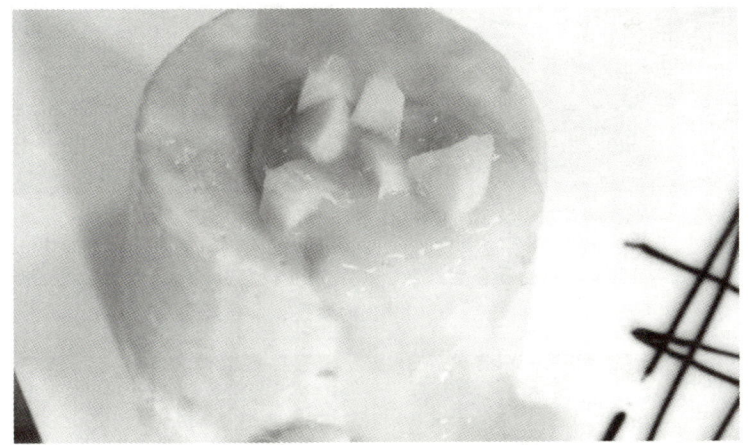

配方原料

朗姆酒	10 g	白砂糖	150 g
稀奶油	200 g	芒果	400 g
明胶	12 g	蛋糕	适量

操作步骤	
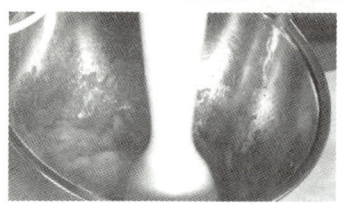 步骤 1 将芒果制成果泥和果粒。	 步骤 2 将明胶放入冷水中浸泡至柔软。
 步骤 3 将白砂糖与 150 g 稀奶油混合后打发。	 步骤 4 将 50 g 稀奶油放入锅中,加入泡软的明胶,加热至明胶熔化。
 步骤 5 将加热好的混合物倒入打发的稀奶油中,搅拌均匀。	 步骤 6 加入芒果果泥和朗姆酒,搅拌均匀。

模块十 | 甜品制作

操作步骤

步骤 7

将蛋糕切成模具大小的薄片。

步骤 8

将切好的蛋糕放入底部包裹锡纸的模具中。

步骤 9

将调好的慕斯糊倒入模具中。

步骤 10

用抹刀整型,放入冰箱冷冻。

步骤 11

将冷冻好的慕斯从模具中取出装盘。

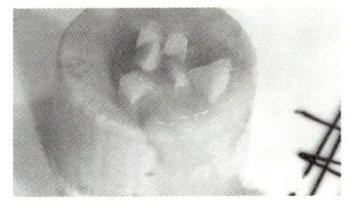

步骤 12

在慕斯表面装饰芒果果泥和果粒。

扫码看视频

芒果慕斯